CHASSE DE LA PLUME

EN FRANCE

CHASSE
DE LA PLUME
AU CHIEN D'ARRÊT

EN FRANCE

PAR LE COMMANDANT **P. GARNIER**

ANCIEN ÉLÈVE DE L'ÉCOLE POLYTECHNIQUE
CONSEILLER GÉNÉRAL DE LA CÔTE-D'OR

Auteur de *la Chasse aux Alouettes au miroir, les Tueurs de
Lions et de Panthères,
la Vénérie au XIXe siècle*, etc.

PARIS

JULES MARTIN, LIBRAIRE-ÉDITEUR
18, RUE SÉGUIER (PRÈS DU PONT-NEUF)

1882

ENCORE UN TRAITÉ DE CHASSE!

La nécessité de ce petit livre se faisait-elle bien sentir ? c'est la question que sans doute chacun se posera.

Quant à nous, vieux chasseur en plaine comme au bois, sans hésiter un seul instant nous répondrons : Oui.

Tous les Auteurs cynégétiques français, sans aucune exception, se montrent très prolixes sur l'Histoire Naturelle des Oiseaux ; mais en revanche, ils sont tellement sobres de détails sur les méthodes à suivre pour bien chasser chacun d'eux en particulier au chien

d'arrêt, qu'on est forcément conduit à cons-
tater qu'il y a là une sérieuse lacune à
combler.

Nous avons essayé de le faire [1]; au public
maintenant à dire si nous avons réussi!

L'Auteur.

---

[1] Il va sans dire que nous avons profité de l'occasion pour donner le coup de grâce à quelques fables ridicules plus ou moins accréditées sur certains oiseaux.

CE QU'IL FAUT POUR RÉUSSIR !

Le chasseur, qui veut réussir, doit être parfaitement à l'aise dans son costume de couleur sombre ainsi que dans sa chaussure ferrée; savoir se servir avec sang-froid, promptitude et adresse de son arme, qui, le plus communément, sera un fusil à deux coups, calibre 16, se chargeant par la culasse; faire lui-même ses cartouches en vue du gibier qu'il veut poursuivre; posséder enfin un chien de haut nez et d'une obéissance absolue, rapportant très bien.

Si, avec tout cela, il ne craint pas ses peines; s'il supporte aisément la chaleur, s'il est dur à la fatigue et requête sans bruit, toujours à bon vent ou au moins en demi-

travers ; s'il ménage son chien et, de temps
en temps, lui procure de l'ombre à défaut
d'eau ; s'il est doué d'une patience inalté-
rable et d'une ténacité à toute épreuve ; s'il
connaît bien les mœurs, les habitudes et les
ruses du gibier ; si enfin, voyant la pièce à
distance convenable, il se hâte lentement de
mettre au droit et de tirer sans à-coup, nous
n'hésiterons pas un seul instant à lui prédire
de glorieux succès.

LA CAILLE

Les cailles [1], qui viennent au printemps nicher en France, partent de l'Afrique où elles retournent fin septembre environ.

Exposées dans leur traversée aux bourrasques qui en détruisent beaucoup, elles atterrissent néanmoins en assez grand nombre sur les côtes du Languedoc et de la Pro-

[1] Nous aurions dû rationnellement mettre les perdrix sédentaires avant les cailles voyageuses; nous ne l'avons pas fait, parce que d'abord ces dernières sont plus communes et parce qu'ensuite c'est par leur chasse moins difficile et leur tir moins émouvant que les jeunes hommes commencent leur éducation cynégétique.

vence, où jadis, à cause de leur extrême fatigue, il s'en prenait des quantités incalculables.

On s'est élevé avec raison contre cette Saint-Barthélémy, contre ce massacre des Innocents. On a dit qu'il n'était pas juste que les chasseurs du littoral pussent seuls profiter du gibier que la nature envoie pour tout le continent. La loi, en décidant que la caille, bien qu'oiseau de passage, devait être considérée comme sédentaire, a donc mis un terme à ces destructions qui menaçaient d'anéantir l'espèce. Par suite, l'usage des filets a été défendu, et la chasse de cet oiseau dans le Midi n'a plus été permise qu'à l'ouverture, comme partout ailleurs en France.

Il en est résulté que, cessant d'être traitées en parias dès leur arrivée, les cailles ont pu faire en paix leurs couvées sur notre sol et que, si parfois leur nombre a notablement baissé, on ne saurait plus l'attribuer qu'à des sinistres maritimes extraordinaires.

A l'ouverture de la chasse, on trouve la caille, matin et soir, dans les chaumes, les jeunes trèfles, les regains des pièces de verdure ; de dix heures à quatre environ, elle cherche presque toujours un abri contre les rayons du soleil dans les luzernes et sainfoins bien fournis, dans les sarrasins, les fèves, les chenevières, les maïs garnis de pieds de haricots et les plants d'asperges envahis par les mauvaises herbes.

Souvent elle hante les fossés dont les bords sont herbus et buissonneux; parfois même elle ne dédaigne point les lisières des jeunes coupes; enfin, soit qu'elle apprécie la sécurité que lui offrent les pièces de vignes où on ne peut chasser qu'après les vendanges, soit qu'elle ait un goût prononcé pour les mollusques presque microscopiques qui s'y trouvent en abondance, il n'est pas du tout rare de l'y rencontrer. Par contre, les terrains humides lui déplaisent souverainement ; aussi ne la rencontret-on jamais dans le voisinage des marais.

Il va sans dire que ces habitats ordinaires varient, chaque jour, avec le vent, la pluie et l'état de l'atmosphère.

Lorsque la température est élevée, on voit assez fréquemment la caille, endormie au fond d'un sillon ou à l'abri d'une touffe d'herbe, tenir tellement l'arrêt qu'on peut avec facilité la prendre à la main. On doit alors, pour le cas où on la manquerait, être toujours prêt à lui envoyer un coup de fusil.

Un autre jour au contraire, par un temps tout à fait semblable, la caille marche et s'obstine à ne pas s'envoler. Pour dépister le chien, elle exécute de brusques crochets à droite et à gauche, tourne sur elle-même dans le couvert, croise et double ses voies, et passe souvent avec audace entre les quatre pattes de l'animal. Il faut alors, pour l'obliger à partir, beaucoup de soin, de patience et une très grande ténacité; mais le plaisir de voir, en pareil cas, travailler un bon chien n'est-il pas le moment le plus agréable de la chasse ! D'aucuns, peu persévérants de leur nature, vous conseilleront au contraire de bien vite rappeler votre quadrupède sous prétexte que cette interminable poursuite ne peut que le gâter. Certes, si vous laissez votre chien, impatienté de marquer indéfiniment l'arrêt et de voir toujours la pièce lui échapper, se jeter sur la voie et s'emporter, la leçon lui serait peu profitable ; mais, si vous modérez son ardeur, s'il avance avec sagesse sans quitter la piste, il en suivra tous les méandres, déjouera toutes les ruses, et bientôt la caille, acculée au coin d'un champ ou au bord d'un fossé, tiendra l'arrêt et partira à belle. Abattez-la ; vous récompenserez ainsi votre fidèle auxiliaire de sa peine et, bien loin de le gâter, vous aurez au contraire confirmé chez lui une qualité précieuse, la persévérance dans la quête.

Il peut encore arriver que la caille, au lieu de se blottir, profite au bout du champ de

l'avance qu'elle a gagnée en rusant, pour
partir hors de portée[1]; si alors vous avez bien
vu la remise, courez-y vite ; mais, si elle
vient à y recommencer la même manœuvre,
n'hésitez point à l'abandonner; car alors elle
persévérerait dans cette tactique et finirait
même par faire des remises tellement éloi-
gnées que vous ne pourriez plus les suivre de
l'œil avec quelque précision.

Heureusement pour les jeunes chasseurs,
trop prompts à se rebuter, les savantes manœuvres, que nous venons de décrire, ne sont
le fait, par une belle journée, que de quelques
cailles aguerries au feu, qui du reste ne les
pratiquent pas constamment. Toutefois, il
nous faut bien les prévenir que, par un temps
couvert et frais avec un vent assez fort, ils
verraient presque tous ces oiseaux se conduire

[1] Lorsque la caille gagne vivement au pied, gardez-
vous bien de courir au bout de la pièce par amour du
coup de fusil, parce que le chien, se voyant dépassé, pourrait s'emporter alors sur la piste, ce qui finirait par le
rendre volage et bricoleur.

de la même manière, auquel cas ce qu'on aurait de mieux à faire serait de remettre la partie au lendemain.

Votre chien est en arrêt; placez-vous derrière lui[1]; une caille part, laissez-la filer jusqu'à vingt pas si la hauteur du couvert ne s'y oppose point. Après avoir fait feu, restez toujours quelques secondes sur vos gardes et rechargez vite, car souvent plusieurs cailles se trouvent réunies, et alors, au lieu de s'envoler d'ensemble comme les perdrix grises, elles partent une à une devant le chien, ce qui parfois permet de tirer plusieurs coups de pied ferme. Les compagnies de cailleteaux se conduisent absolument de même, à la seule différence près qu'ils sont moins prompts à partir et qu'il en est qui se laissent prendre plutôt que de se lever.

Si d'aventure vous aperceviez à terre une caille sous le nez de votre chien, gardez-vous

[1] Ne mettez jamais le gibier entre vous et le chien, et ne passez jamais non plus entre eux.

bien de la tirer ; vous risqueriez d'abord de
le blesser, et ensuite ce serait un moyen in-
faillible de lui apprendre à bourrer.

Nous avons souvent ouï dire que la quête
terre à terre de cet oiseau gâtait très vite les
chiens de haut nez et les rendait moins aptes
à bien mener les perdrix. Et cependant nos
braques français, qui chassent la caille admirablement, ne nasillent pas sur les perdreaux qu'ils éventent et arrêtent de fort loin.
Nous nous croyons dès lors fondé à ne pas
croire un seul mot de cette étrange assertion.

Lorsque l'air est calme et que la température est assez chaude, le vol de la caille
n'est pas bien rapide ; il ne s'élève presque
jamais à plus de un mètre cinquante de hauteur, et se dirige en ligne droite. Si on ajoute
à cela que cet oiseau, se laissant d'habitude
arrêter ferme, part presque toujours sous le
canon du fusil, on pourra en conclure qu'il
est facile à abattre.

Un bon tireur, nous le répétons encore,

doit en thèse générale laisser filer la caille jusqu'à vingt pas environ [1], en la fixant bien et avec sang-froid, mettre ensuite au bout et lâcher la détente, sans perdre son temps à la suivre, ne fût-ce que quelques secondes. S'il la manque du premier coup, il redouble en ayant la précaution d'ajuster de nouveau pour changer la ligne de mire et ne pas perpétuer l'erreur commise d'abord. Le second coup est toujours la consolation des débutants; ils tirent mieux de loin que de près, tant il est vrai que l'émotion s'éloigne avec le gibier; mais, à cette bonne raison il convient d'en ajouter une autre, c'est que dans le feu par trop rapproché, qui est le

[1] Dans les maïs et les chenevières, qui atteignent souvent deux mètres de hauteur, on ne peut presque jamais laisser filer à distance convenable; la plupart du temps il faut tirer très vite et dès qu'on trouve au bout. Alors, pour ne pas trop massacrer les cailles, on ne se sert que des plombs n°⁵ 10 et 11.

Quelle que soit la petitesse des projectiles employés, le tir horizontal de la caille offre des dangers, et le chasseur, pour éviter les accidents de personnes surtout, doit, en terrain couvert, ne faire feu qu'avec une extrême prudence.

défaut ordinaire des conscrits, le coup fait balle, tandis qu'au redoublé la distance est devenue suffisante pour que la rosace de plomb soit assez grande pour englober l'oiseau, s'il a été visé à peu près juste.

Bien que d'ordinaire le tir de la caille soit facile, nous n'irons pas, comme Elzéar Blaze, jusqu'à affirmer que sur trente cailles un bon chasseur doit en tuer vingt-huit, s'il n'en tue pas trente. Et la preuve que nous resterons dans le vrai en repoussant cette exagération toute méridionale, c'est que Le Vieux Chasseur a jadis porté un défi à qui que ce soit de s'engager à tuer douze cailles de suite pourvu qu'on voulût bien lui donner sa revanche.... et que ce défi n'a jamais été relevé.

Ce résultat négatif n'est point fait pour nous surprendre. On ne saurait en effet nier qu'indépendamment des bonnes ou mauvaises dispositions du parieur, à un moment donné, il est des circonstances qui rendent le tir de la caille très difficile: si le vent souffle avec

force, elle part rapidement, rase la terre,
fait des crochets que ne désavouerait point
une bécassine, et alors les plus malins jettent
du plomb au hasard ; une autre fois, remise
dans un buisson ou dans une haie, la caille
s'enlève sous le nez du chien en se dissimulant
avec adresse derrière la broussaille, et il est
encore bien permis de la manquer.

On tire cet oiseau, suivant la nature du
terrain de chasse, avec du plomb des n°s 8,
9, 10 et même 11.

La chair de la caille est tendre et succulente, mais sa graisse rancit promptement.
Elle n'est jamais meilleure à la broche que
lorsqu'on la plume sans qu'elle ait le temps
de perdre sa chaleur naturelle ; alors elle
garde toute la finesse de son fumet, qu'un
seul jour de retard suffirait pour altérer.
Quant aux cailleteaux, ils ne sont réellement
bons à manger que s'ils ont au moins les
trois quarts de la taille des grands parents.

LES PERDRIX

La France ne possède que quatre espèces de perdrix sédentaires, savoir :

La Bartavelle,
La Rochassière,
La Perdrix rouge commune,
Et la Perdrix grise.

LA BARTAVELLE

La bartavelle, qui est appelée aussi perdrix grecque et perdrix sexatile, dépasse de six centimètres au moins la taille du plus vieux mâle de perdrix rouge commune [1].

Elle habitait jadis le Berri, le Poitou, la Bourgogne, la Sologne, la Champagne et presque tout le midi de la France. Aujourd'hui, elle ne se trouve plus, à de bien rares exceptions près, que sur les hauteurs du Jura,

[1] Bien des chasseurs, qui croient fermement avoir tué une bartavelle, n'ont en réalité occis qu'un gros et vieux coq de la famille des perdrix rouges.

des Alpes et des Pyrénées, dans les pâturages exposés au soleil, entre les neiges éternelles et la limite supérieure des forêts, vivant en compagnies assez nombreuses parmi les buissons de roses alpines et les arbres rabougris, sous les parois rocheuses, dans les ravins, au milieu des rocailles. En hiver, quand la neige couvre la cime des pics, elle descend dans les vallées environnantes, mais jamais elle ne quitte les grandes montagnes.

Comme la perdrix rouge commune, elle reste en compagnie jusqu'à l'époque de l'accouplement; elle tient bien à l'arrêt, a un coup d'aile brillant et rapide, et sait, quand elle est blessée, se cacher avec beaucoup d'intelligence [1].

Le terrain où elle vit aide à sa conservation; elle franchit en quelques secondes des ravins,

[1] Ainsi du reste que la rochassière ; elle se fait chasser absolument comme la perdrix rouge commune sur laquelle, au point de vue cynégétique, nous serons beaucoup moins bref.

des précipices qui exigeraient de longues heures pour être gravis par le chasseur ; aussi, malgré le feu sacré, se résigne-t-on souvent à abandonner sa poursuite.

Quand le mâle s'envole, il fait entendre un cri qui rappelle celui du lagopède, et le bruit strident de ses ailes étonne et trouble le chasseur novice.

Au commencement de la chasse, le plomb n° 6 suffit ; mais, plus tard, on doit employer les n°ˢ 4 et 5 pour venir à bout de ce superbe et excellent gibier.

LA ROCHASSIÈRE

La rochassière, pour la taille, tient le milieu entre la bartavelle et la perdrix rouge commune.

Elle ne se rencontre que sur les cimes les plus élevées des montagnes en Corse et dans le midi de la France.

Comme la bartavelle, elle tient bien à l'arrêt, mais sa chasse non plus n'est pas facile par suite de la nature des lieux qu'elle habite.

Elle a du reste les mêmes mœurs, les mêmes habitudes que la perdrix rouge commune, et emploie pour sa conservation les mêmes moyens que cette dernière, sur le compte de laquelle nous allons longuement nous étendre.

Seulement nous dirons ici que le vol de cet oiseau est aussi rapide mais moins bruyant que celui de la bartavelle, que son tir exige le même plomb, et enfin que sa chair est tout aussi succulente.

LA PERDRIX ROUGE COMMUNE

Une ligne de démarcation tirée de l'est à l'ouest, c'est-à-dire des Alpes à l'Océan, et coupant la France en deux zones à peu près égales, forme la limite que la perdrix rouge commune ne dépasse que par exception. Nous ne voulons pas dire par là qu'elle ne se trouve point au nord de cette ligne ; mais ce n'est plus que de loin en loin et rarement qu'elle y réside, tandis qu'au midi elle se rencontre à chaque pas, et finit par régner seule et sans partage, dans la plaine, sur les collines comme sur les points les plus élevés.

Ce bel oiseau n'habite les montagnes jusqu'à leurs sommets qu'autant qu'elles sont cultivées, quelque peu boisées, et que leur altitude ne dépasse point seize à dix-huit cents mètres.

Il n'aime pas les grandes forêts [1], mais il s'établit volontiers dans les bois clair-semés où dominent de hautes bruyères, des chênes verts, des buissons de thym et de romarin. Les vignes, avec leurs murgets garnis de ronces, les ravins rocailleux couverts de maigres friches lui plaisent encore tout particulièrement, ce qui ne l'empêche point d'affectionner certaines parties de la plaine, à condition toutefois qu'elles ne soient pas absolument nues et qu'on y trouve des buissons par-ci par-là ou au moins quelques haies.

Les perdrix rouges vivent en compagnies (fortes de dix à vingt individus) qui errent

____

[1] On ne le rencontre dans les grands bois ou dans les hauts taillis que lorsque, poursuivi très vivement, il ne sait plus où se réfugier.

chacune dans les limites de leur canton d'adoption, les couples ne se formant que pour la saison des amours.

Ces oiseaux ont généralement de bonne heure, par suite de leur instinct vagabond, des tendances très prononcées à l'indiscipline : ils s'écartent, s'éparpillent volontiers et sont presque tout à fait réfractaires au groupement de la bande sous la direction des grands parents, qui du reste eux-mêmes flânent le plus souvent à l'aventure et ne semblent guère se préoccuper beaucoup de la sécurité de la compagnie. Il résulte de là que maintes fois, à l'ouverture, dans les pays où ces oiseaux sont abordables, la bande ainsi dispersée ne part point d'ensemble devant le chien ; un individu, deux ou trois se lèvent, puis les autres successivement les imitent, et alors le chasseur peut tirer cinq ou six coups sans désemparer.

Ce sont là de bonnes aubaines qu'on trouve un peu partout en France, à l'exception tou-

tefois de la Provence et du Languedoc où
ces oiseaux n'attendent pas l'approche du
chasseur et partent au moindre bruit, même
à l'ouverture, bien que les vignes, dans lesquelles ils se tiennent de préférence, leur
offrent avec leurs rameaux étalés sur le sol,
une retraite aussi sûre, un couvert aussi épais
que les genêts et les bruyères, et que la population n'y soit pas plus dense que partout
ailleurs. Aussi, dans ces deux anciennes pro-
vinces, ne saurait-on venir à bout de ces
sauvages oiseaux qu'en les forçant à la course
ou qu'en les chassant en battues ! Revenons
donc bien vite à des pays moins ingrats.

Lorsque, en plaine, devant le chien, une
compagnie part d'ensemble ou en détail,
ses membres se jettent dans les genêts, les
bruyères, les haies de ronces et de vigne
sauvage, où d'habitude ils tiennent l'arrêt
jusqu'à la dernière extrémité ; mais, en montagne ou sur un coteau plus ou moins élevé,
ils ne se conduisent pas de même à l'ordi-

naire ; plongeant dans la vallée ou dans le ravin, ils vont se remettre sur le versant opposé [1], où, suivant leur invariable habitude, ils ne manquent point de jouer aussitôt des jambes, ce qui, à cause de la nature rocheuse du terrain peu favorable à la quête, rend leur suite des plus difficiles. On doit donc, afin de ne laisser que le moins de temps possible à ces oiseaux pour gagner au pied, se rendre en toute hâte à la remise ; car, si on parvient de cette façon à les relever rapidement deux ou trois fois, on les verra renoncer alors au vol, cesser même de piéter, se raser et tenir si ferme qu'il serait possible de les prendre à la main. Le tout, en pareil cas, est de les trouver ; c'est l'affaire du chien, qu'on fera quéter dans ce but avec un soin tout particulier, sachant que chacun de ces oiseaux a couru de

---

[1] Souvent ils se bornent à longer le ravin, en amont ou en aval, et prennent terre du même côté ; il est plus aisé alors de se rendre rapidement à la remise.

son côté plus ou moins loin avant de se blottir.

C'est dans le milieu de la journée et quand il fait chaud qu'on peut seulement obtenir d'aussi brillants résultats, et il ne faudrait point y compter de grand matin ou vers le soir, parce qu'alors les perdrix sont sur pied, courent avec une extrême vitesse et se font chasser presque indéfiniment sans quitter terre. Mais cependant à la rigueur, si on possède des jarrets d'acier, si on ne recule pas devant une poursuite excessivement laborieuse, on pourra quelquefois parvenir à les lasser, et alors on aura l'agréable surprise, comme nous l'avons dit plus haut, de voir que ces oiseaux, au lieu de profiter de leur avance (comme font les perdrix grises mieux avisées en pareil cas) pour s'envoler hors de portée et même pour dissimuler leur remise, s'arrêtent tout d'un coup et se rasent chacun pour leur propre compte.

Nous ne saurions trop faire remarquer que les perdrix rouges ont bien plus de con-

fiance dans la vitesse de leurs jambes agiles
que dans leurs ailes qui sont cependant
fort rapides ; pour s'en convaincre, qu'on
les regarde faire : elles courent devant les
chiens, sautent sur les rochers, les troncs
renversés, les amas de roches brisées, grim-
pent sur les murs en pierres sèches, s'arrêtent, se dressent sur leurs tarses comme
un coq prêt à chanter, écoutent, parcourent
de l'œil tout le terrain environnant, puis
se baissent, rasent le sol et fuyent rapidement le corps penché en avant ; elles passent sous les fourrés de ronces, en ressortent
pour marcher sur le rocher nu ou courir
dans un sentier poudreux, examinent les
arbres sur leur route et, quand elles en rencontrent un dont les branches touffues sont
étalées et près de terre : elles s'élancent,
se blottissent contre le tronc, à la naissance de la plus grosse branche, et attendent avec confiance la venue du chien
qui, lorsqu'il est jeune, se laisse tromper

par cette ruse, dont un vieux chien n'est jamais dupe[1].

Il y a véritablement lieu de s'étonner de
la persistance que met la perdrix rouge (la
bartavelle et la rochassière font de même)
à se servir avant tout de ses jambes pour
se soustraire à la poursuite du chasseur,
car son vol, plus accidenté, plus émouvant
et plus irrégulier que celui de la perdrix grise,
est très rapide et acquiert même parfois la
vitesse d'une pierre lancée par une fronde[2].
Faut-il admettre que l'acte de la locomotion
aérienne les fatigue assez promptement, tandis
que la marche, par suite de leurs habitudes
vagabondes, leur semble bien plus naturelle?
nous serions fort tenté de le croire.

Leur tir est moins facile que celui de la

[1] Plus on avance vers le sud et plus on voit fréquemment ces oiseaux se percher.

[2] Une perdrix, par exemple, qui se laisse choir d'un
rocher escarpé dans un ravin, est animée alors d'une telle
vitesse de chute que l'œil a de la peine à la suivre et qu'on
s'attend à la voir se briser dans le fond.

perdrix grise : on les tue fort bien, à l'ouverture, avec du plomb n° 8, mais, malgré cela.
nous conseillons l'emploi plus efficace du n° 6.

La chair de la perdrix rouge, un peu
moins blanche que celle de la grise, est excellente et de plus haut goût. Nous la trou-
vons même meilleure pour la broche, surtout
quand elle est grasse. Quant aux vieux parents, ils ne doivent jamais être rôtis ; on
ne les accommode qu'aux choux, et rarement
en salmis.

LA PERDRIX GRISE

Un peu moins grosse que la perdrix rouge commune, dont elle diffère non seulement par le plumage, mais encore par d'autres attributs qui l'ont fait classer parmi les starnes, la perdrix grise est originaire de l'Europe et d'une partie de l'Asie centrale.

En France, on la rencontre encore dans le Lyonnais et le Dauphiné ; mais elle ne dépasse pas cette ligne vers le sud, tandis que plus on monte au nord, plus elle abonde. La Bresse, la Bourgogne, la Bretagne, la Touraine, l'Alsace, la Lorraine, les départements du nord, sont riches en perdrix grises; et les immenses plaines de la Beauce constituent une véritable réserve où les couvées établies dans les blés réussissent merveilleusement, tandis que, dans les pays de grandes prairies. l'époque de l'éclosion coïncidant malheureusement avec celle de la fenaison, les coups de faux font toujours de nombreuses victimes.

La perdrix grise s'élève parfois dans les montagnes jusqu'à l'altitude de mille mètres; mais elle montre toujours une préférence marquée pour la plaine. Il lui faut des endroits cultivés et variés, avec quelques buissons pour se cacher ; elle se plaît donc surtout dans les localités qui offrent un petit bois, une colline couverte de broussailles, ou tout au moins des haies touffues. Les grandes forêts ne lui conviennent pas ; elle n'en habite jamais que les lisières, ou bien les jeunes coupes dans lesquelles, poursuivie en plaine, elle trouve un refuge presque assuré.

Les lieux humides, marécageux, où se

montrent quelques bosquets d'arbustes, de petits îlots, ne lui sont pas inhospitaliers. On a récemment remarqué en France que plusieurs des ces oiseaux manifestaient, sur quelques points, une notable préférence pour les marais. Serait-ce parce qu'ils s'y trouvent moins tracassés? Cela est fort possible; mais il n'en demeure pas moins constant que dans ce cas les individus se distinguent par une taille plus petite, une légère différence de plumage, et par leur queue formée de seize rectrices seulement. Pourquoi dès lors ne point voir là une deuxième espèce qui, sous le nom vulgaire de roquettes, voyage sans trêve, parfois en bandes considérables [1], en France, en Allemagne et ailleurs, à l'automne, cherchant sa nourriture et un abri contre les neiges, moitié volant, moitié courant avec une extrême rapidité?

[1] On a signalé des bandes fortes de plus de cent individus sur des points où le lendemain on n'en voyait pas un seul.

Les perdrix grises ne souffrent pas du froid, mais bien de la difficulté ou de l'impossibilité de déterrer les insectes, graines et jeunes pousses. Il faut donc, dans les hivers rigoureux, les empêcher de périr de faim en portant près des remises, plus ou moins abritées et préalablement balayées, quelques criblures et grains, qui leur redonnent assez de forces pour ne pas devenir, par suite d'épuisement, une proie facile pour les rapaces ou pour les carnassiers.

Nous avons dit plus haut que la fauchaison hâtive des prairies naturelles ou artificielles causait la perte de bien des couvées. On peut, dans quelques circonstances particulières, éviter ce désastre en conservant autour de chaque nid quelques mètres de verdure. Pour découvrir ces nids, il faut que deux personnes traînent sur les sillons suspects un cordeau garni de torons de papier ou de morceaux de chiffons, de manière à frôler les cimes des herbes.

ce qui est bien suffisant pour faire partir les couveuses.

On a bien des fois remarqué qu'il fallait attendre assez longtemps qu'un nouveau couple vînt remplacer dans son cantonnement une compagnie entièrement détruite; cela tient à ce que ces oiseaux sont des plus casaniers.

On a constaté encore que ces oiseaux passaient invariablement toutes leurs nuits en rase campagne, été comme hiver, obéissant en cela à un juste instinct de conservation.

Les perdrix grises ne perchent pas comme les perdrix rouges, mais en revanche elles nagent, ce que ne font jamais ces dernières. « On a pu, dit A. Brehm [1], observer deux compagnies qui, dans le danger, s'enfuyaient régulièrement vers une rivière qu'elles traversaient en nageant; on les a vues entrer dans l'eau, guidées par un vieux mâle, et

[1] *Les Merveilles de la Nature, l'Homme et les Animaux*, IIe vol. p., 356.

se mettre à nager sans efforts apparents, portant la queue relevée et les ailes un peu écartées du tronc. Après avoir abordé, elles se secouèrent, comme les poules qui viennent de se baigner dans le sable, et ne parurent nullement fatiguées. »

On trouve la perdrix grise, à l'ouverture de la chasse et jusqu'à la fin de septembre environ, dans les chaumes, les sainfoins, les luzernes, les trèfles, les betteraves, les pommes de terre, les maïs, les vignes, les prés, les friches, et surtout dans les sarrasins ainsi que dans les endroits où poussent les panicules du millet sauvage.

Jusqu'après la première mue qui est finie avant le premier octobre, les compagnies, ayant vécu en paix plusieurs mois, se laissent facilement approcher une ou deux fois de suite, si le chien est sage et si le chasseur évite le tapage, les cris surtout; mais après, devenues plus farouches, elles se montrent presque inabordables, piétent à toute vitesse et s'envolent hors de portée.

En pareil cas, si on a devant soi une vaste plaine et si on possède une excellente vue, des jarrets d'acier et un chien d'une sagesse exemplaire, tout espoir de réussite n'est point perdu : courez prestement à une remise, à deux, trois ou quatre au besoin, en tirant à chaque départ un coup de fusil, fût-ce à cent cinquante mètres, et vous ne manquerez presque jamais de voir la compagnie se disperser. Vous aurez alors l'indicible plaisir de faire envoler, un à un et à l'arrêt de votre chien, les perdreaux qui la composaient, et, pour peu que vous tiriez passablement, la plupart de ces oiseaux entreront dans votre gibecière [1]. Toutefois, pour obtenir ce bienheureux éparpillement, ayez toujours grand soin, au cours de la manœuvre, de prendre à rebours, afin de la rejeter chez

[1] Nous avons vu, le 14 octobre 1867, détruire ainsi par un chasseur émérite, jusqu'au dernier, une compagnie forte de seize individus.

vous, toute compagnie qui tendrait à gagner un bois voisin ou un territoire qui vous serait interdit.

Cette savante mais laborieuse manœuvre, qui réussit en septembre et même pendant tout le mois d'octobre, pourrait singulièrement devenir facile à exécuter si, à la première escarmouche avec la compagnie, on avait la chance ou le talent d'abattre le bourdon et la chanterelle (bien reconnaissables à leur grosseur d'abord et puis à leur habitude presque constante de s'envoler les premiers), parce qu'alors les jeunes, privés de leurs guides naturels et expérimentés, s'éparpilleraient bien plus vite sous l'influence du bruit et de la frayeur, peut-être même à la première remise.

Les chasseurs novices, vivement impressionnés par la bruyante trépidation des ailes d'une compagnie qui part comme un seul oiseau, lâchent leurs deux coups dans le tas sans viser; aussi d'ordinaire rien ne tombe!

Engageons-les donc d'abord à maîtriser leurs nerfs, après quoi nous leur donnerons un conseil dont ils se trouveront bien, s'ils peuvent le suivre, et que voici : lorsqu'une bande de perdreaux partira d'ensemble à vos pieds, visez-en un relativement éloigné et faites feu sans précipitation dès qu'il sera au droit; s'il tombe, ajustez-en un autre et tirez-le; mais, si le premier n'a pas culbuté au coup, lors même que vous le croiriez atteint, n'hésitez jamais à le redoubler ; car, sachez-le bien, une pièce, quoique blessée légèrement, si elle est perdue pour le chasseur, ne l'est pas pour l'oiseau de proie ou pour le renard.

Un perdreau démonté n'est pas toujours pris : par un soleil ardent, soit qu'il gagne à la course une jeune coupe, soit qu'il se réfugie dans un fossé bien garni de ronces et d'épines ou dans une haie assez épaisse, ses chances de salut sont grandes. Il est essentiel alors de calmer à tout prix l'ardeur qui emporte souvent le chien sur la voie saignante, car, si par hasard il la perd un seul instant, on peut presque à coup sûr prédire que l'oiseau n'entrera pas dans le carnier. Conclure de là qu'on doive de suite abandonner sa recherche, ce serait fausser notre pensée, sans préjudice du risque qu'on courrait en outre de faire perdre au chien une de ses plus précieuses qualités, la persévérance.

Lorsqu'une couvée vient à être détruite, il se produit d'ordinaire une seconde ponte, dite recoquée, et les oiseaux qui en proviennent sont, au mois de septembre, trop petits pour être tirés ; de plus, ces avortons, que l'on nomme pouillards, ne valent absolument rien pour la cuisine ; aussi les chasseurs qui se respectent les laissent-ils en repos !

Le vol des perdrix grises est horizontal et direct ; cependant, lorsqu'elles sont gênées par le vent ou bien poussées aux limites de leur canton, il arrive parfois qu'avant d'être hors de la portée du fusil elles changent subitement de direction, et tournent à droite ou à gauche[1] pour regagner le lieu de leur séjour habituel.

Leur tir n'est généralement pas difficile, et on les tue sans peine à l'ouverture avec du plomb n° 8; mais, un peu plus tard, il faut avoir recours au n° 6.

Le perdreau, bien en chair, est un excellent gibier, qu'on ne doit mettre à la broche que quarante-huit heures après sa mort. Quant aux vieilles perdrix, on les fait d'habitude cuire avec des choux auxquels elles donnent un goût exquis.

[1] Nous avons vu, dans un pareil changement brusque de direction, jeter bas quatre perdreaux d'un seul coup de fusil, avec du n° 6, à quarante mètres environ: deux tués roides, un bien malade et un démonté seulement.

LE FAISAN COMMUN

Le mâle est de la grosseur d'un coq domestique de moyenne taille, mais il paraît plus allongé parce qu'il n'a pas le port relevé ni la queue en panache. La femelle, plus petite, a un plumage beaucoup moins brillant. Ils sont dits coq et poule en langage cynégétique.

Le faisan commun est le seul de cette nombreuse famille qui se soit acclimaté chez nous dans quelques grandes forêts; mais ce n'est pas sans soins et sans peines, et si la race se perpétue et se conserve, c'est seulement dans les chasses réservées où l'on peut épargner les poules et un assez bon nombre de coqs pour assurer les couvées de l'année suivante. Là où ces précautions conservatrices ne sont pas prises, l'espèce ne tarde point à disparaître [1].

Pendant l'hiver, par les longues neiges surtout, il est indispensable d'ajouter un peu à la nourriture que ces oiseaux trouvent en forêt. On balaie quelques places sur les chemins qu'ils fréquentent, et l'on y jette du grain de rebut et du marc de raisin dont il est facile de faire provision au mois d'octobre. Ce soin retient beaucoup de faisans qui, lorsqu'ils s'éloignent pour chercher leur nourriture, risquent fort d'être tués par les voisins ou de se perdre par les temps de brouillard.

Toutes ces mesures de conservation ne

---

[1] Dans quelques îles du Rhin, ainsi que sur certains points de la côte orientale de la Corse, on trouve une population de faisans communs qui se maintient sans aucuns soins, comme nous avons pu le voir en 1838, 1843 et 1848.

suffisent point ; il y faut joindre une surveil-
lance continue non seulement de jour, mais
encore et surtout de nuit par le clair de
lune, ces oiseaux à intelligence bornée ayant
la funeste habitude de se brancher le soir bien
en vue sur les grands chênes, même sur ceux
des lisières de la forêt, et se trouvant par
suite fort exposés aux coups de fusil des
braconniers.

Le faisan se nourrit de grains de toutes
sortes, de larves, d'insectes, de limaces, de
vers et surtout d'œufs de fourmis dont il est
très friand ; il mange encore volontiers la
jeune verdure, des bourgeons, des baies, et
même il avale des glands entiers.

La poule fait son nid à terre dans un épais
buisson, au pied d'un arbre. Les petits courent dès leur naissance et suivent la mère
qui en a grand soin ; mais, aussitôt qu'ils ont
pris le rouge, ils se séparent et vivent complètement isolés.

Ces oiseaux recherchent, en été surtout,

les lieux humides, voisins des mares ou des ruisseaux, ainsi que les jeunes tailles bien fourrées. Ils vont à la pâture dès que le soleil se montre, et alors on les trouve, dans les plaines rapprochées des bois, au milieu des blés, des avoines, des orges, des chaumes, et des pièces de sarrazin qu'ils aiment par-dessus tout.

La chasse du faisan, en plaine et dans les jeunes tailles, est agréable et facile par les beaux jours de septembre; mais, plus tard, il n'en est pas de même, parce qu'alors cet oiseau se maintient dans les fourrés et les ronciers; là, il coule avec aisance devant le chien et sa marche est très rapide; il fait force détours, croise ses voies, revient sur son contre, espérant ainsi se dérober; et il y réussit plus d'une fois lorsqu'il a affaire à un chien ou trop lent ou trop ardent. Lors donc que votre toutou suivra avec vivacité mais sans emportement la voie de cet oiseau, il vous faudra encore serrer la quête de très

près si vous voulez être sûr de le tirer avec
chance de succès, car il ne garde jamais
longtemps l'arrêt. Quant à la poule, elle ne
piète pas, pour ainsi dire, et se lève presque
toujours sous les pieds du chasseur.

Un coq démonté est encore plus difficile
à prendre qu'un perdreau, à cause de l'incroyable vigueur de ses pattes et du parti qu'il
en tire jusqu'à ce qu'il soit gueulé ou défi-
nitivement perdu. Et cette dernière solution,
fort peu récréative, vous adviendra souvent
si votre chien ne possède point une grande
vivacité de quête unie à un excellent nez, à
une sagesse exemplaire et à une ardeur infa-
tigable, qualités indispensables pour vaincre
les excessives difficultés de cette chasse qui,
dans ces inextricables fourrés, exige un labeur
des plus pénibles.

Nous avons dit ailleurs l'émotion qu'éprou-
vent invariablement les novices au départ
d'une compagnie de perdreaux ; cette émotion
est bien plus grande encore quand s'enlève

bruyamment un coq faisan, puisqu'elle est partagée par presque tous les vieux chasseurs, alors qu'ils n'ont pas l'habitude de ce déduit. Au bruit du vol vient s'ajouter le cri rauque de l'oiseau, et, dans la précipitation involontaire qu'on met à faire feu, on ne voit, la plupart du temps, que sa longue queue, qui tire l'œil et fait viser beaucoup trop en arrière du tronc. De plus, à cause de la consigne de respecter les poules, on hésite; il faut quelques secondes pour faire la distinction prescrite; si bien que, lorsqu'on est fixé sur le sexe, le faisan est déjà loin; car, s'il est lourd au départ, en revanche son vol horizontal est rapide et le met bientôt hors de portée.

A l'ouverture de la chasse, on abat facilement ces oiseaux avec du plomb des n°ˢ 8 et 6; mais, dès la fin d'octobre, comme ils sont devenus plus résistants au coup, il convient d'avoir recours aux numéros 7 et 5.

Un faisan est tué; dans combien de jours doit-on le manger? Quelques personnes le suspendent par les pattes, et, lorsque ce bel oiseau laisse tomber une ou deux gouttes de sang, elles le mangent : il est bon alors pour ceux qui ne l'aiment pas très avancé. D'autres le suspendent par la queue jusqu'à ce qu'elle cède et le laisse tomber, et seulement alors ils le jugent digne de figurer sur leurs tables. Enfin on rencontre des amateurs qui prétendent qu'il n'est pas bon à manger tant qu'il ne change point de place tout seul.

Comme on le voit, tous les goûts sont dans la nature; mais quel est le bon goût? C'est là une question délicate que nous laisserons résoudre par les gourmets, et nous nous bornerons à vous dire que le faisan, qui est un excellent gibier, se mange rôti et qu'on le dépose sur la table orné toujours de sa tête, de ses ailes et de sa longue queue.

LE TÉTRAS AUERHAHN.

OU COQ DE BRUYÈRES

Le coq de bruyères, qui pèse cinq ou six kilogrammes et qui a plus d'un mètre d'envergure, est bien fait pour attirer l'attention des chasseurs. C'est un des plus gros oiseaux qu'ils puissent tirer en France, où on le rencontre dans les Ardennes, les Vosges, le Jura, les Alpes, l'Auvergne et les Pyrénées.

Il ne quitte pas les forêts d'arbres verts des hautes montagnes, mais, par les hivers longs et rigoureux, force lui est bien de descendre dans les vallées boisées pour pourvoir à sa nourriture, qui consiste principalement en bourgeons, baies, herbages, grains et insectes.

La femelle fait son nid à terre, au pied d'un épais buisson ; elle pond de six à huit œufs. Dès l'éclosion, les petits courent et suivent la mère à la recherche de leur nourriture ; ils restent avec elle, en compagnie, jusqu'à la seconde mue, et se séparent ensuite pour vivre dans l'isolement.

Une fois solitaires, ces oiseaux se montrent éminemment sauvages et deviennent tout à fait inabordables, la saison des amours excepté. A cette époque, en effet, perché sur les basses branches d'un gros arbre, le coq, longtemps avant le jour et jusqu'au lever du soleil, appelle les poules (qui courent à terre) en faisant entendre le cri rauque qui l'a fait nommer faisan bruyant. Dès qu'une poule approche, il semble en délire, il étale ses ailes et sa queue, et paraît lutter contre son ardeur jusqu'à ce qu'il en arrive d'autres. Si alors on n'avance que pendant qu'il chante et si on s'arrête dès qu'il se tait, en restant immobile et silencieux, on peut parvenir à tirer à bonne portée cet oiseau, qui alors est si étourdi du tapage qu'il fait lui-même ou tellement enivré d'ardeur amoureuse que parfois ni la vue d'un homme, ni même les coups de fusil ne le déterminent à prendre sa volée; il semble en effet qu'il ne voie ni n'entende et qu'il soit dans une espèce d'extase.

Si les adultes solitaires sont inabordables, il n'en est pas de même des jeunes réunis en compagnie sous la conduite de la poule. Comme le sentiment laissé sur la piste par ces oiseaux est très prononcé, le chien la trouve et la suit facilement. Au début, ils tiennent bien, et la mère elle-même montre autant de répugnance à partir que la jeune couvée; mais, si le chasseur les serre de très près, ils se lasseront de piéter et la vieille poule s'envolera brusquement avec un bruit d'ailes vif et émouvant. Qu'on vise avec soin à la tête, et on la jettera bas aisément.

Quand elle est tuée, laissez-la à terre sans

la ramasser, rechargez aussi vite que possible, sans faire un pas ni dire un mot, car
un ou deux jeunes vont partir presque subitement; abattez-les, et comme la première
fois, rechargez sans perdre une seconde.
Avancez alors pas à pas, très doucement et
avec prudence, toujours prêt à tirer à droite
et à gauche, et le reste de la compagnie partira un à un, ou deux à deux, tous probablement à bonne portée. Dans tous les cas,
remarquez avec soin la remise des oiseaux
qui vous échapperont; elle ne sera guère
éloignée, et il vous sera facile de les rejoindre.

En opérant ainsi on peut tuer toute la
compagnie. Et ce serait en vérité le sort qui
attendrait la plupart des couvées de ces tétras
vers la fin de la saison s'il ne fallait compter
avec la nature des bois dans lesquels ils se
tiennent, nature qui est telle que la plupart
du temps, à moins d'éclaircies parmi les arbres
verts, on ne peut pas tirer et encore moins
voir les remises. Grâce à cet état ordinaire

des lieux fréquentés en France par ces oiseaux, l'espèce se conserve assez bien ; mais elle n'en aurait pas pour longtemps si leurs habitats étaient dégagés au lieu d'être couverts d'arbres bien fournis et bien serrés.

Le vol du coq de bruyères est lourd et assez droit ; son tir n'est donc pas difficile, et on le tue parfaitement avec du plomb n° 4.

Sa chair est excellente.

TÉTRAS BIRKHAN

OU COQ DE BOULEAUX

Cet oiseau, connu aussi sous les noms de
coq de bruyères à queue fourchue, de petit
coq sauvage, de faisan sauvage, de faisan noir,
de faisan de montagne, etc., est de la grosseur
d'une poule domestique moyenne.

On le trouve en Europe, où il est plus ré-
pandu que les autres espèces du même genre.
En France, on le rencontre encore dans le
Jura et la chaîne inférieure des Alpes.

Il a les mêmes mœurs et la même nourriture que le coq de bruyères, et on le chasse
absolument comme ce dernier ; mais sa pour-

suite est bien plus facile parce qu'il est moins farouche.

Son vol est lourd et presque droit ; on le tire donc assez aisément, et le plomb n° 6 suffit pour le tuer.

Sa chair est aussi bonne que celle du coq de bruyères.

LE TÉTRAS RAKKELHAN

Le tétras rakkelhan est un métis des deux espèces précédentes et tout naturellement on ne le rencontre que dans les localités où les coqs de bruyères et de bouleaux sont nombreux.

Il se nomme aussi tétras hybride. Sa taille est un peu plus grande que celle du birkhan, mais sa queue est à peine fourchue.

Mêmes mœurs, habitudes, nourriture et mode de chasse que les précédents, et semblable chair.

LA GELINOTTE

« Qui se feindra, dit Belon, voir quelque
« espèce de perdrix métive entre la rouge et
« grise, et tenir je ne sais quoi des plumes
« du faisan, aura la perspective de la gelinotte
« de bois. »

Cet oiseau, connu aussi sous les noms de
poule des coudriers et de poule royale, est
de même taille que la perdrix rouge commune.

On le trouve dans les Ardennes, les Alpes,
les Pyrénées et les Vosges [1].

[1] Cet oiseau, parti de ces dernières montagnes, s'est répandu dans presque tous les grands bois de la Haute-Saône.

La gélinotte habite de préférence les forêts
où croissent les pins, les sapins, les bouleaux
et les coudriers; mais, d'un naturel éminemment sauvage, elle ne se plaît bien que dans
celles qui sont à la fois vastes, accidentées
et très fourrées.

Sa nourriture consiste en baies, chatons,
bourgeons et diverses graines qu'elle trouve
au bois.

Quoiqu'en disent certains auteurs, elle
établit son nid dans les bruyères, sous les
broussailles, et pond une douzaine d'œufs
vers la fin d'avril. Dès l'éclosion, les petits

et, de proche en proche, depuis quelques années, il a fait
son apparition dans certaines forêts de la Côte-d'Or et du
Jura. En est-il de même pour toutes les vastes étendues
forestières qui avoisinent les Alpes et les Pyrénées?

Tout ce que nous pouvons affirmer, c'est que dans la Cro-
chère, forêt communale d'Auxonne dont la contenance
n'est que de mille quatre cents hectares, dont le peuple-
ment n'est pas riche en arbres verts mais bien doté en
bouleaux et en coudriers, on en tue au vol et parfois à
l'arrêt trois ou quatre par saison dans des tailles de cinq
à huit années, et que dès lors nous avons le ferme espoir
que ce bel oiseau finira par s'implanter chez nous. On nous
affirme même, mais nous n'avons pu vérifier le fait, qu'en
1881 une couvée est venue à bien dans ladite forêt.

suivent la mère qui en a le plus grand soin.

Quand on quête la gelinotte au chien d'arrêt, elle se dérobe à pattes si longuement qu'on finit toujours par renoncer à sa laborieuse poursuite dans les fourrés; ce n'est que lorsqu'elle se trouve surprise qu'elle prend le vol pour se retrancher, à très petite distance, sur un arbre dont elle choisit la partie la plus touffue; elle s'y croit si bien invisible qu'elle attend le chasseur avec une entière confiance; ce dernier en profite alors pour la tirer quand il parvient à la découvrir, ce qui le plus souvent n'est pas bien facile, quelque habitude qu'on ait de cette chasse.

Les gelinottes se rencontrent quelquefois, à l'ouverture, en bandes de dix à quinze individus; c'est un hasard alors de les faire lever. Comme elles ne font que marcher tout le jour, il est facile de les prendre au collet ou au hallier, en plaçant ces pièges dans les sentiers qu'elles fréquentent d'habitude.

On tire fructueusement cet oiseau avec le plomb usité pour la perdrix rouge commune.

Sa chair, très délicate, est tendre quand on ne la met à la broche qu'après quelques jours de garde.

LE LAGOPÈDE

OU PERDRIX BLANCHE

Cet oiseau, de la taille de la perdrix rouge commune, est connu sous les noms de perdrix de neige, gelinotte blanche, attagas, tétras ptarmigan et lagopède alpin. C'est fort improprement qu'on l'appelle perdrix blanche, car ce n'est point une perdrix, et son plumage n'est blanc que pendant l'hiver.

Les lagopèdes se trouvent en été sur les points les plus élevés des montagnes de France, près de la zone des neiges. En hiver, ils descendent dans les régions moyennes, sans cependant quitter la neige. Ils sont communs dans les Pyrénées et dans les Alpes.

Leur nourriture consiste en chatons, feuilles et jeunes pousses de pin, de bouleau, de bruyère et de plantes aromatiques.

Les femelles établissent leurs nids sur les rochers couverts de mousse, au pied d'un simple buisson vert, et pondent de huit à douze œufs. Les petits courent aussitôt éclos et restent en compagnie jusqu'à la saison des amours.

Ces oiseaux sont inabordables, l'été, dans leurs retraites élevées, et on ne peut les chasser que quand l'hiver les a fait descendre dans les régions moyennes et qu'ils ont pris leur plumage blanc; ils croient sans doute alors que leur teinte, qui se confond avec celle de la neige, les dérobe aux regards du chasseur, et, malgré leur naturel sauvage, ils se laissent assez facilement approcher et arrêter par le chien.

Heureusement pour la conservation de

l'espèce dont le vol est peu élevé, peu soutenu et assez lourd, et dont par suite le tir est facile, que les difficultés, que l'on rencontre pour les suivre dans ces montagnes escarpées et couvertes de neige, sauvent un grand nombre de ces oiseaux.

On les tue parfaitement avec du plomb n° 6.

Les lagopèdes doivent à la nature de leurs aliments le goût particulier et la légère amertume de leur chair, qui d'ailleurs est bonne et plaît à beaucoup de gourmets. D'aucuns, non sans raison, lui trouvent une assez forte ressemblance avec celle du lièvre.

LA BÉCASSE

Tous les chasseurs, en France, distinguent
deux bécasses, que la plupart des naturalistes
regardent comme de simples variétés, et quelques-uns comme des espèces différentes. Quoi
qu'il en soit, nous ferons observer que la dis-
tribution géographique, les habitudes, mœurs
et régimes sont de tous points les mêmes pour
ces deux oiseaux, et que dès lors, en vue de
la chasse, il n'y a pas lieu de tenir compte de
cette diversité d'opinions, qui ne porte du reste
que sur de légères différences de taille et de
plumage.

A l'exception de quelques îles septentrionales, la bécasse (*scolopax rusticola* de Linné) habite toute l'Europe, ainsi que tout le nord et le centre de l'Asie.

En France, ces oiseaux émigrent à la fin de l'automne et ne s'arrêtent que sur quelques montagnes du Midi, d'où le froid seul les fait descendre en plaine ; mais le plus grand nombre gagne l'Afrique. D'aucunes cependant demeurent l'hiver et nichent dans certains bois de l'Est, de l'Ouest et du Nord.

Quelles que soient les causes de ces rares et singulières exceptions, il n'en demeure pas moins constant que, dans le mois de mars, suivant le temps qui règne dans le Nord, les bécasses nous arrivent plus ou moins tôt, et de plus que, si dans ce mois la température par hasard devient froide, elles quittent les plaines boisées [1] pour se jeter au plus près

---

[1] Il leur arrive parfois, guidées par le merveilleux instinct qui les avertit de ce futur changement atmosphérique, de partir vingt-quatre heures à l'avance.

dans les étroites vallées des montagnes, quitte
à en revenir dès qu'il fait beau. En résumé
donc, d'une année à l'autre, on peut admettre
qu'à partir du milieu de mars le passage commence en France et qu'il se termine le dix
avril au plus tard. Il convient d'ajouter que
leur route est alors très variable : une année,
on en voit beaucoup dans des bois qui semblent
parfaitement leur convenir, et, les années suivantes, il n'y en vient que fort peu, parfois
même pas une seule.

En général, ces oiseaux ont une préférence
marquée pour les grandes forêts, sans doute
parce qu'ils y trouvent plus de tranquillité que
dans les petits bois. Peu leur importe d'ailleurs l'essence des arbres pourvu qu'ils aient
sous le couvert un sol humide dans lequel ils
puissent facilement enfoncer leur long bec.
Les terrains sablonneux ne leur plaisent pas;
aussi les évitent-ils avec le plus grand soin.

Le genre de vie journalier de la bécasse, qui
intéresse tant les chasseurs au chien d'arrêt,

n'est pas facile à observer parce que cet oiseau est au plus haut degré craintif et méfiant. De jour, jamais il ne se montre à découvert; s'il y est forcé, il se tapit contre le sol dont la teinte se confond avec celle de son plumage. Quand tout est tranquille dans la forêt, il lui arrive parfois, l'après-midi seulement, de vermiller, mais toujours alors il a soin de se maintenir dans des endroits sombres qui le dérobent aux regards.

Ce n'est d'habitude qu'aux environs du crépuscule que la bécasse court vivement de côté et d'autre, et qu'elle finit par s'enlever pour se rendre à un étang, une mare, un ruisseau, où elle lave ses pattes et son bec, tout en se trémoussant dans l'onde claire; puis elle fait quelques randonnées au-dessus des taillis et le long des chemins de la forêt avant d'aller quérir sa nourriture dans les prés et dans les parties marécageuses des champs, où elle passe la nuit à véroter. Dès l'aube, elle regagne le bois, et se cantonne pour la journée

d'après le temps qu'il doit faire. Dans toutes
ces allées et venues aériennes, on a pu cons-
tater que, par les temps froids et secs et par
les vents du nord, ces oiseaux passaient haut
et vite, sans s'arrêter ni se poursuivre, et
qu'ils gardaient un silence absolu, tandis
que c'était tout le contraire par un vent
faible et tiède du midi.

De là est venue bien naturellement l'idée
d'un affût à la fontaine, dans les montagnes
où les ruisseaux sont rares; puis enfin, celle
de se poster (au crépuscule et à l'aube, au
printemps et à l'automne, en se cachant avec
soin) sur les lignes et chemins de la forêt pour
tirer les bécasses lorsqu'elles vont au gagnage
ou qu'elles en reviennent. On nomme *chûte*
le premier de ces affûts; quant aux deux autres,
ils s'appellent *passe* ou *passée* à l'automne, où
la bécasse est silencieuse, et *croule* au printemps, parce qu'à cette dernière époque, sous
l'influence des amours, ces oiseaux chantent
et se battent dans les airs. Nous sortirions du

cadre que nous nous sommes tracé si nous entrions ici dans les détails de ces charmants déduits; on les trouvera traités de main de maître dans les ouvrages de MM. Polet de Faveaux et E. Jourdeuil [1].

La quête de la bécasse au chien d'arrêt, dite *à la relevée*, se fait presque toujours dans des forts garnis d'épines, de ronces et d'églantiers; car cet oiseau se tient d'habitude dans les taillis de six à dix ans, s'ils sont toutefois exposés au levant ou au midi, bien dépourvus d'herbes mais garnis de mousse, de buissons de houx, de fougères ou d'un épais lit de feuilles. Cependant, par un temps pluvieux, on la trouvera dans les grands gaulis sans verdure et bien ensoleillés, tandis que, si l'air est froid et sec, on ne devra la chercher, en forêt saine, que parmi les tailles

[1] Le Chasseur à la Bécasse, par Th. Polet de Faveaux (Sylvain); Paris, Librairie centrale d'Agriculture et de Jardinage, 62, rue des Écoles, Auguste Goin éditeur.

La Chasse à la Bécasse, par E. Jourdeuil; Dijon, 1870, Lamarche éditeur, place Saint-Étienne.

moussues, les bas-fonds humides, au bord des mares, aux alentours des étangs. Enfin, si on a déjà tué ou levé des bécasses en quelques endroits, il ne faut jamais manquer d'y repasser, attendu que ces places, qui sont de leur goût, ne chôment guère de visiteuses.

Les indications qui précèdent pourraient fort judicieusement être érigées en règles absolues, si, avec la bécasse qui se guide pour tous ses actes sur le temps présent et même sur le temps futur, il ne fallait pas s'attendre à de nombreuses exceptions impossibles à prévoir et difficiles à expliquer, même après coup.

Gardez-vous bien de quêter cet oiseau de bon matin: vous le laisseriez infailliblement dans son gîte sans que le chien pût en rencontrer. A dix heures, c'est même encore trop tôt, à moins de circonstances de temps et de terrain exceptionnellement favorables. Le meilleur moment, par une température douce

et un soleil radieux, semble être de midi à
trois heures; c'est en effet l'instant où l'oiseau,
bien reposé des fatigues de la nuit, commence
à se remuer et à vermiller aux alentours du
buisson dans lequel il était blotti depuis l'aube.
Il laisse alors des pistes que le chien rencontre et suit sans peine jusqu'au moment où,
après de longs circuits, cet animal tombe immobile devant la touffe qui a de nouveau abrité
la bécasse, qui tient ferme encore. Mais, passé
trois heures, plus la journée s'avance, plus
elle devient vive dans ses allures: elle piète
davantage, se laisse moins bien arrêter, et
finit par ne presque plus tenir, s'envolant au
moindre bruit et ne faisant guère d'ailleurs
que courir très vite sous bois. Dans ce cas
défavorable, avec de la ténacité, du silence,
et un chien docile qui ne s'éloigne pas, il
n'est pas tout-à-fait impossible de réussir.

Après avoir indiqué les heures les plus pro-
pices, il nous reste à dire de quelle façon il
convient de procéder sur le terrain. Beaucoup

trop de chasseurs, sous prétexte qu'ils ont *le feu sacré*, se jettent, tête basse, en perçant comme des sangliers, au plus épais de halliers impénétrables où l'on ne peut ni suivre son chien de l'œil ni tirer, et où invariablement on laisse ses culottes et le gibier. C'est déjà bien assez pénible d'avoir à affronter de pareils forts pour se rendre à une remise, sans qu'on s'en aille à l'étourdie brosser laborieusement toute une coupe très fourrée pour arriver souvent à découvrir qu'elle ne recèle aucune bécasse. N'imitez donc point cette folle manière d'agir, et suivez la sage méthode que nous allons vous indiquer; elle vous épargnera bien des déboires, des fatigues, et peut-être même des accidents redoutables.

Au lieu de vous lancer inconsidérément au fort, suivez autant que possible les chemins, les lignes séparatives des coupes, les sentiers, faisant quêter votre chien [1] à droite

---

[1] Muni toujours d'un grelot au son argentin, qui n'effraye

et à gauche en croisant à la distance de vingt-cinq ou trente pas, sans lui permettre de s'écarter davantage. Les bécasses se tenant d'habitude non pas au milieu des fourrés mais bien dans le voisinage des clairières, routes, lignes, sentiers et faux-fuyants, vous en trouverez, en agissant ainsi, assez pour en tirer quelques-unes à l'arrêt et d'autres au traverser ; vous en verrez enfin qui se poseront à proximité. Dans ce dernier cas, n'allez jamais à la remise qu'à bon vent et sans faire de bruit, parce que l'oiseau déjà effrayé se tient sur ses gardes, piète volontiers et part au moindre indice de danger. A ce propos, vous ne perdrez pas de vue qu'une bécasse manquée devient inabordable après deux ou trois relevées ; car alors elle se forlonge, ruse en volant et en courant sans s'arrêter une seconde, et ce qu'on peut faire de mieux est d'en chercher une autre.

point la bécasse et qui vous dit clairement, lorsqu'il cesse, que l'animal est à l'arrêt.

Quand deux chasseurs ont, suivant notre méthode, chacun de son côté, parcouru en même temps, les deux lignes, qui limitent une coupe en longueur, sans lever aucune bécasse, il y a gros à parier que cette coupe n'en renferme point du tout, et alors il faut se hâter d'en explorer une autre, et ainsi de suite jusqu'à épuisement de toutes celles qui ont de six à dix ans. Cela est nécessaire parce que, certains jours, toutes les bécasses d'un bois se jettent sur le même point, sans qu'on sache pourquoi.

Il résulte nettement de ce qui précède que si, sans tenir compte de ses peines, un groupe de chasseurs entreprend, comme cela arrive parfois, de battre les cinq ou six coupes favorables en marchant en ligne et à distance convenable, il ira à l'aveugle, courant risque de ne découvrir la taille giboyeuse qu'à une heure trop tardive de la journée pour en pouvoir tirer profit, tandis qu'avec notre méthode il ne lui aurait pas fallu plus d'une heure pour mettre la main sur *le pot aux roses*.

La bécasse a un vol rapide et très irrégulier. Tantôt elle s'élève verticalement et se laisse retomber à quelque distance ; tantôt elle part en se masquant par un arbre et s'éloigne en ligne droite, puis se jette brusquement de côté au bord d'un chemin ou d'une clairière... Là, elle attend quelques secondes, entre au fourré et se gîte de nouveau. Souvent elle s'élance à droite et tout à coup fait un brusque crochet à gauche, en plongeant derrière une cépée ; souvent aussi, elle file droit devant le chasseur, puis, arrivée à une distance où elle se croit hors de vue, elle décrit un demi-cercle et revient se poser derrière lui. Quelquefois, en sortant d'un gaulis élevé, elle vole tout droit, suit la lisière du bois et se jette subitement sur le premier chemin qui se présente ; parfois même, à certains moments, il lui arrive de s'abattre dans une coupe de l'année, au milieu des tas de bois et fagots.

Conclure de la grande variété de ces manœuvres savantes que la bécasse est un des oiseaux les plus méfiants et les plus rusés qu'il y ait au monde, semble tout naturel, et cependant on dit vulgairement en France : bête comme une bécasse ! Il est vrai que les espagnols la traitent bien de *poule aveugle !* alors qu'elle a *la vue perçante* de jour comme de nuit [1].

A notre avis, le tir de cet oiseau est le plus difficile que l'on connaisse, et il faut être de première force pour jeter bas les deux tiers des bécasses sur lesquelles on fait feu [2].

[1] Si la bécasse avait la vue mauvaise, elle n'apercevrait pas en plein jour à soixante pas, en volant au-dessus des taillis, le chasseur et le chien, et ne se livrerait pas à ces brusques crochets qui doivent l'éloigner du danger ; elle ne circulerait pas comme elle le fait avec rapidité jour et nuit au milieu des gaulis les plus élevés et des grands arbres, sans se heurter souvent. Or qui a jamais vu une bécasse se heurter contre un arbre ? On a vu des perdrix, des grives, partant d'effroi, tomber à moitié assommées, étourdies, l'aile brisée, mais des bécasses ... jamais ! (E. Jourdeuil).

[2] On chasse quelquefois la bécasse avec des rabatteurs dans les bois bien percés ; ces traques souvent sont assez

Comme, dans cette fusillade, le chasseur est presque toujours exposé à envoyer le coup à travers des branches, brindilles et feuilles qui en amortissent la force, il convient de n'employer que des plombs n°s 8 et 6 avec une bonne charge de poudre.

La bécasse est le gibier qui se conserve le mieux et le plus longtemps; son fumet est particulier et beaucoup de chiens, qui la chassent bien cependant, ne veulent pas la rapporter ; quelques-uns même se roulent dessus avec acharnement.

« La couleur-type du gibier-plume, s'il
« en existe une, doit être celle de la bécasse ;
« car je ne connais pas de pièce tuée qui
« fasse mieux que la bécasse à l'œil et à la
« main, comme je ne connais pas de rôti qui
« réjouisse d'une façon plus complète le pa-
« lais et le nez. » (A. Toussenel).

fructueuses, et, dans tous les cas, c'est un déduit fort agréable

LA BÉCASSINE COMMUNE

C'est l'espèce la plus connue du genre ; son plumage répond aussi bien au sol des marais que celui de la bécasse au sol des forêts.

La véritable patrie de la bécassine est le nord de l'Europe et de l'Asie ; mais elle niche probablement partout où il y a de grands marais, dans le midi de l'Europe et même peut-être dans le nord de l'Afrique.

Bien que l'on rencontre souvent beaucoup de ces oiseaux réunis sur un même point, l'espèce n'est pas sociable ; car, chez eux, hors la saison des amours et de l'incubation, chacun ne vit que pour soi, et leurs voyages se font même toujours isolément [1].

Les bécassines traversent la France dès que la température se radoucit ; on les voit donc au printemps, du milieu de février à la fin d'avril, en automne, elles se montrent depuis le mois d'août jusqu'en octobre. Dans les hivers peu rigoureux, il en est qui séjournent chez nous ; et même, par les années de grandes neiges, on en découvre quelques-unes près des sources chaudes.

Les endroits secs ne leur conviennent pas ; aussi ne les trouve-t-on que dans les bas-fonds humides, les marais, les prairies marécageuses. Ce qu'il leur faut, c'est un sol couvert d'herbes, de joncs et de plantes aquatiques où elles puissent facilement enfoncer leur bec.

Cet oiseau a des habitudes plus diurnes que la bécasse ; il dort probablement vers le

---

[1] Nous ajouterons : et de nuit.

milieu de la journée, mais le reste du temps, lorsque rien ne le trouble, se passe à chercher de la nourriture ; c'est d'ailleurs, à la tombée du jour, qu'il vaque tout particulièrement à ce soin, se promenant d'un endroit à l'autre et se montrant dans des localités où on ne le voit jamais le jour.

Les bécassines vivent d'insectes, de vers, de mollusques nus ou à coquille fragile. Lorsque la nourriture abonde, elles engraissent rapidement, et alors, au lieu d'être toujours en mouvement, agiles et gaies, elles deviennent tant soit peu paresseuses.

Grâce à leurs habitats et surtout à leur remarquable vélocité dans l'air, ces oiseaux sont exposés à moins de dangers que les bécasses ; cependant, plusieurs n'en trouvent pas moins la mort sous la serre d'un rapace ou sous la dent du renard, bien qu'ils nagent et plongent même parfaitement pour se dérober aux poursuites. Les couvées, pour comble de malheur, ont de plus à craindre des crues d'eau subites qui en noient souvent des centaines à la fois.

La bécassine vole très rapidement. A peine levée, elle décrit coup sur coup et avec une extrême vivacité plusieurs zigzags (crochets), puis elle se lance contre le vent. S'élevant haut dans l'air, elle s'éloigne à toute vitesse en battant précipitamment des ailes, exécute un grand arc de cercle, revient à peu près au-dessus de son point de départ, ferme les ailes et se laisse tomber obliquement dans le marais. A l'époque des amours, le mâle ajoute des variantes fort curieuses au vol saccadé que nous venons de décrire, et, quand le doux appel de sa compagne retentit, il tombe comme un aérolithe à ses côtés. Et même, lors de l'incubation, non-seulement il continue ses fantastiques exercices dans les airs, mais encore, perché sur un arbre voisin, on l'entend vocaliser avec une vigueur incroyable trois ou quatre heures d'affilée, pour adoucir sans doute les ennuis de la pauvre couveuse.

C'est dans les prairies marécageuses recouvertes d'une faible couche d'eau et sur les bords humides des marais (1) qu'il est agréable de chasser la bécassine, à bon vent et avec un chien sage et de haut nez, qui l'évente et l'arrête d'assez loin. Certains jours, cet oiseau tient ferme; d'autres fois, il se montre fort sauvage; mais en général, par un temps calme et par un beau soleil, il est rare qn'on ne l'approche pas aisément. Il est pourtant des heures de la journée qui méritent la préférence, celles par exemple comprises entre dix et trois heures de l'après-midi, cet oiseau n'étant guère abordable de bon matin ainsi que le soir.

Le tir de la bécassine n'est pas à la portée de tout le monde; il faut être prompt à mettre au bout et à serrer le doigt avant qu'elle

¹ Nous passons sous silence certains marais abondants en bécassines, mais dans lesquels on ne peut circuler qu'en sautant avec adresse de mottes en mottes assez espacées, et dont les intervalles couverts d'un blanc d'eau sont d'une vase si ténue que chasseur et chien y disparaîtraient tout entiers.

n'entame ses fameux crochets. La plupart des chasseurs de notre connaissance, qui tuaient huit à neuf fois sur dix, ne donnaient pas à cet oiseau, en pays découvert, le temps de s'élever à trois mètres de hauteur, tandis que nous avons constaté que les tireurs *lents à ajuster*, surtout lorsqu'ils avaient *la triste manie de vouloir suivre la pièce*, ne réussissaient pas deux fois sur dix à jeter bas [1].

On tire fructueusement la bécassine avec du plomb des n°s 10 et 11 ; mais le second

[1] Quelques chasseurs prétendent que la bécassine ne doit jamais être attaquée *qu'à faux vent*, parce qu'elle pique contre pour s'élever et faire ses crochets sans s'éloigner, et parce que dès lors, finalement, elle revient sur le tireur de manière à rester assez longtemps à portée ; ce qui offre, disent-ils, l'avantage d'être plus sûr de toucher à cause du vol direct.

Nous répondrons d'abord que cette méthode supprime totalement le chien d'arrêt, et puis que l'oiseau partira toujours de plus loin puisqu'il entendra bien mieux venir le chasseur. Nous ajouterons ensuite que la bécassine, qui n'est pas aveugle, se gardera bien de venir bénévolement s'exposer, à bonne portée, aux coups du chasseur qu'elle voit parfaitement le fusil au poing ; elle passera donc au large, et nos adversaires le savent si bien qu'ils préconisent l'emploi des plombs n°s 6,5 et même 4 contre un oiseau qu'abat à vingt mètres un coup de cendrée.

coup peut sans inconvénient être chargé avec le n° 9 pour le cas où elle partirait d'assez loin.

Toussenel, dans le *Monde des Oiseaux*, va nous édifier sur les mérites culinaires de cette habituée des marais : « L'oiseau chanteur, « l'amoureux par excellence de la Grallipé-« die, sera la bécassine ; la bécassine, qu'au-« cuns regardent comme le premier des rôtis « du monde et à qui nul autre gibier-plume « ne saurait disputer la palme du salmis ».

LA DOUBLE BÉCASSINE

Cet oiseau n'est pas très répandu en France où il arrive et disparaît aux mêmes époques que la bécassine commune, dont il ne se distingue que par une taille plus grande, non pas du double, mais seulement d'un quart environ.

Il recherche les eaux claires dans les prairies et sur les bords des rivières peu encaissées, et ne hante que très rarement les marais fangeux.

Son vol est moins accidenté, beaucoup plus lent et plus droit que celui de la bécassine,

dont il ne montre pas la méfiance ; et, comme
d'ordinaire il tient bien à l'arrêt et ne part
pas de loin, son tir ne présente presque point
de difficulté et n'exige que du menu plomb.

Lorsque cet oiseau est gras, ce qui a lieu
parfois en automne, il vaut presque pour les
gourmets la bécassine commune.

LA BÉCASSINE SOURDE [1]

Un peu plus grosse que l'alouette des champs, la bécassine sourde est assez commune en France, où elle arrive et disparaît en même temps que les deux autres.

Elle se blottit sous les roseaux et les joncs desséchés des marais, et s'y tient si obstinément cachée qu'il faut mettre le pied dessus pour la faire partir, comme si elle n'entendait rien du bruit produit par le chien et le chasseur. De là sans doute le nom de *sourde*, qui lui est donné presque partout.

[1] Dans quelques pays on la nomme *Bécot*.

Son vol, moins irrégulier que celui des autres bécassines, est presque droit et assez lent. Mise debout, elle ne va point d'ordinaire se remettre à plus de trente pas.

On la tue aisément avec du petit plomb, voire même avec de la cendrée.

Sa chair est justement estimée en automne, parce qu'à cette époque elle prend beaucoup de graisse et qu'elle procure alors aux gourmets un rôti des plus délicats.

LE RALE DE TERRE

Le râle de terre, dit *râle de genêts*, *râle rouge*, *crex des prés*, est encore vulgairement appelé *roi des cailles*, sous le fallacieux prétexte que, lors des migrations annuelles, chaque bande de ces oiseaux a un crex pour guide. Rien cependant dans sa manière de vivre ne le rapproche des cailles, pas même les époques d'arrivée et de départ.

Son habitat varie suivant les circonstances locales ; il recherche les lieux fertiles, les plaines surtout, sans pour cela éviter les collines. On le trouve le plus souvent dans

les prairies voisines des champs de céréales,
où il se retire après la fenaison et qu'il
quitte à la moisson pour se réfugier dans
les chenevières, les luzernes, les trèfles,
fèves et sarrazins, si toutefois leur couvert
est bien épais et si ces terrains ne sont ni
très secs ni très humides.

Ses habitudes sont plutôt nocturnes que
diurnes; mais il se cache aussi bien le jour
que la nuit. Pour demeurer à l'abri des regards, il se fait des coulées au milieu des
hautes herbes et y court rapidement, sans
que le moindre brin en soit ébranlé.

Lorsque le chien rencontre un crex, on
peut bien vite le reconnaître à la vivacité de
sa quête, aux faux arrêts multipliés, aux
bonds courts et précipités qu'il fait, et à
l'opiniâtreté avec laquelle l'oiseau tient, se
laissant même serrer de si près que parfois
il est gueulé. Quelquefois, le râle s'arrête
court dans sa fuite, se blottit, et le chien,
emporté par son ardeur, dépasse la voie et

la perd ; l'oiseau alors en profite pour faire un retour et ruser en arrière. Parfois, il grimpe dans un buisson, dans une haie, pour dérober sa trace, et, du haut de son perchoir, le cou tendu, dans une immobilité complète, il contemple avec anxiété le chien qui passe et repasse au-dessous de lui ; une autre fois, il gagne une haie épaisse non plus pour s'y jucher, mais pour la traverser et partir de l'autre côté, à seule fin de dissimuler son vol. Enfin, au cours de ces ingénieuses manœuvres, il ne craint pas de passer sous le ventre du quadrupède, dût-il être happé ? Bref, il tient à vider tout son sac à malices avant de se réclamer de ses ailes, car il a trop la conscience de la lourdeur de son vol pour en espérer son salut. On peut dire en effet qu'il volette plutôt qu'il ne vole ; aussi prend-il terre bien vite, à moins de circonstances imprévues comme la folle poussée d'un chien, une apparition humaine sur sa route, ou enfin qu'il ne soit enlevé par un violent coup de vent.

D'ordinaire donc, sa remise est proche : on la voit, on y court ; mais c'est en vain qu'on espère le relever ; il est déjà fort loin quand on arrive, et il n'est pas douteux qu'il ne mette à profit cette avance pour éterniser la quête[1]. De ce que cet oiseau excelle alors à suppléer à la faiblesse de ses ailes par la rapidité incroyable de sa marche, doit-on conclure à l'abandon immédiat de sa poursuite ? Non, parce qu'avec de la persistance il n'est point absolument impossible soit de le relever, soit, *à la longue*, de le faire prendre par le chien, pour lequel ce sera une très bonne leçon de ténacité ; le chasseur, il est vrai, la paiera un peu cher par la patience et les peines infinies qu'il lui faudra pour réussir, surtout si la surface herbue est très grande.

Le râle de genêts est de tous les oiseaux le plus facile peut-être à tuer au vol, ce qui

---

[1] En général, plus le crex est gras, moins il se fie à ses ailes.

n'empêche pas qu'on le manque quelquefois. S'il n'est que démonté, on peut autant dire le regarder comme perdu, parce que, moitié sautant, moitié courant, il se met bien vite hors d'atteinte, surtout quand il trouve dans sa fuite quelques buissons épais, ou mieux encore, un taillis du voisinage.

On le tire fructueusement avec du plomb des n°s 8, 9 et 10.

Lorsqu'il est gras, c'est un succulent et délicat gibier; mais il se garde très peu, pour ne pas dire point du tout; on doit donc le mettre à la broche le plus tôt possible après sa mort.

LES RALES D'EAU

Cette famille comprend le râle d'eau pro-
prement dit, qui est le type des Rallidés, la
marouette (*râle perlé ou grisette*), un peu
moins grande de taille, et les râles Poussin et
Baillon, encore plus petits.

Le premier est peu répandu en France,
où les trois autres sont assez communs, la
marouette surtout.

Bien que *tous* se plaisent dans les marais,
il est à noter cependant que *seuls* la marouette et les râles Poussin et Baillon ne dé-
daignent point les mares ainsi que les larges

fossés fangeux, pourvu toutefois qu'ils soient bien garnis de joncs ou de roseaux.

Comme, à part cela, ces oiseaux ont exactement les mêmes mœurs, habitudes, ruses et vols, ce que nous allons dire du râle d'eau sera applicable de tous points aux trois autres [1].

Les râles ont à un si haut degré l'instinct sauvage et solitaire, que c'est à peine si, à l'époque des amours, quelques instants sont donnés à l'approche indispensable; après quoi, le mâle s'isole, sans le moindre souci de la femelle.

Le râle d'eau, qu'on nomme parfois râle gris pour le distinguer du crex, court rapidement, franchit les obstacles sous lesquels il ne peut se glisser, passe sur la vase la plus ténue comme sur les feuilles flottantes des marais sans enfoncer, se frayant avec aisance un chemin au milieu des fouillis inextricables

[1] Ainsi qu'à la plus petite des poules d'eau, qui se rapproche tant des rallidés.

des plantes aquatiques. A le voir ainsi voyager, on le prendrait plutôt pour un rat que pour un oiseau.

Lorsque le chien, quêtant à bon vent sur les bords d'un marais, rencontre un râle blotti en un endroit qui ne lui offre point la ressource de couler sans être vu, cet oiseau tient ferme à l'arrêt quelques instants, et puis, d'un vol maladroit et pénible, il s'efforce de gagner, au plus près toujours, un massif fourré, où il déploie ruses sur ruses en courant, nageant, plongeant, grimpant même sur un roseau ou sur un arbuste, pour dérouter la poursuite. On ne le relève alors que très rarement.

Blessé au vol ou à la course, il n'est pas toujours pris, loin de là; car il se défend alors contre le chien en coulant sous l'eau avec tant d'adresse et de persistance, que parfois, de guerre lasse, on renonce à sa capture.

On tire les râles d'ordinaire à une faible

distance ; il suffit donc d'employer du plomb
n° 10 pour en avoir raison.

La chair du râle d'eau est médiocre, tandis
que celle de la marouette est des plus délicates, lorsque cet oiseau est gras et qu'on le met
à la broche le jour même de sa mort. Quant
aux râles Poussin et Baillon, ils peuvent fournir un assez bon salmis.

LES POULES D'EAU

On distingue trois espèces de poules d'eau :
la plus grande, de la grosseur de nos petites
poules domestiques, est si rare en France,
qu'aucun chasseur, paraît-il, ne l'y a jamais
rencontrée ; la seconde, dite vulgairement
Poulette, de la taille d'un pigeon, mais plus
allongée, est commune dans nos pays ; enfin,
la troisième, qui par ses dimensions, son port,
ses mœurs et ses habitudes, se confond avec
le râle d'eau, est aussi assez répandue en
France.

Nous ne nous occuperons dès lors ici que
de la poulette.

C'est un oiseau migrateur [1], qui arrive fin mars et disparaît en octobre; mais dans le midi, il est sédentaire ou erratique. Toutefois, quelques individus passent l'hiver dans l'est et l'ouest de la France.

Il recherche de préférence les petits étangs, ombragés par des buissons et des roseaux, dont les bords sont couverts d'herbes et de joncs et dont la surface liquide disparaît, au moins en partie, sous un tapis de plantes aquatiques. Comme chaque paire ne veut pas de voisins immédiats et défend avec vigueur son domaine, ce n'est que sur les grandes pièces d'eau que l'on voit s'établir plusieurs couples.

Grâce à l'étendue de ses doigts, cet oiseau peut courir facilement sur des surfaces liquides recouvertes à peine d'une mince couche de feuilles, d'herbes et de joncs; ils lui servent aussi à grimper avec aisance le long

[1] Il en est de même sans doute pour les deux autres espèces.

des roseaux. Quand il nage, on le voit remuer
ses pattes avec une telle vitesse que, malgré
l'absence totale de palmatures, il glisse rapidement sur l'onde. Il plonge admirablement et,
lorsqu'un danger le menace, il file entre deux
eaux avec rapidité à l'aide de ses ailes, ne sortant que par intervalles son bec pour respirer.
Il a enfin un talent tout particulier pour se
rendre invisible, et, là même où les roseaux
sont rares, il sait si bien se tapir qu'il est impossible de le retrouver sans le secours du chien.

La chasse de la poule d'eau, suivant les
rares auteurs cynégétiques qui en ont parlé,
ne pourrait se faire avec succès qu'à l'affût,
matin et soir. Telle n'est pas notre opinion,
parce que : d'abord, cet affût ne nous semble
justifié ni par l'attrait ni par le profit; ensuite, il résulte nettement de notre longue
pratique (plus de cinquante-cinq ans) de ce
déduit qu'un bon chien de marais, pourvu
qu'il soit vigoureux, entraîné et bien dirigé,
suffit amplement à la pénible poursuite de

cet oiseau, bien qu'il plonge et grimpe volontiers, pour dérober sa voie, sur les roseaux et sur les arbres inclinés, qu'il se pose, dans le même but, sur la tête rabougrie d'un saule, et qu'enfin il sache admirablement se cacher sous les racines et dans les cavités des bords. La preuve en est que maintes fois, dans des mares de deux à quatre mille mètres superficiels, avec un seul chien, nous avons, en une heure et demie au plus, forcé des poules d'eau adultes, sans aider notre animal autrement que par des gestes, des indications et des paroles d'encouragement [1]. L'oiseau, *réduit*, s'arrêtait éperdu, criant très fort, mais n'essayant point de fuir ; du reste, la roideur extrême des pattes et des ailes dénotait son état d'épuisement complet [2].

[1] Un bon chien de marais doit bourrer au commandement, mais ne pas poursuivre. Depuis l'an 1827, nous en avons eu cinq ou six qui étaient précieux pour cela et qui ne s'en montraient pas moins en plaine d'une correction exemplaire.

[2] En ces circonstances, avec le fusil, quelques minutes auraient suffi pour en finir.

La poule d'eau, qui ne vaque guère à la recherche de sa nourriture pendant la journée, se blottit d'ordinaire sur le bord plus ou moins jonceux des mares et des étangs; c'est donc là qu'il faut faire quêter le chien. Lorsqu'il tombe sur un de ces oiseaux, voici généralement ce qui a lieu: ou la poule tient tellement l'arrêt qu'elle se fait gueuler ; ou bien, au bout de quelques secondes, elle se dérobe soit au vol, soit en plongeant; dans ces deux cas, son but est toujours le même, gagner un massif de joncs et roseaux bien épais et peu éloigné. Si vous n'avez pu faire feu, envoyez de suite le chien battre ce massif, et il ne tardera point à y retrouver la voie qui, dans ces eaux dormantes, se conserve mieux qu'on ne saurait le croire. Aidez alors l'animal à déjouer les ruses que nous avons signalées plus haut, et il ne manquera presque jamais, après quelques courts défauts occasionnés par deux ou trois plongeons, de forcer la poule à s'enlever.

Lorsque cet oiseau n'est que blessé, il plonge et parfois au fond de l'eau il se cramponne si bien, dit-on, aux herbes ou aux racines, qu'à moins de draguer consciencieusement la mare ou l'étang, il faut renoncer à sa capture. Nous ne pouvons admettre qu'alors il se suicide pour frustrer le chien ; nous pensons au contraire qu'en plongeant il s'empêtre sans le vouloir dans les racines des nénuphars et des autres plantes des marais, et qu'affaibli par ses blessures il n'a plus assez de force pour se dégager. Il se noierait donc bien malgré lui, purement et simplement[1].

La poulette vole péniblement, lentement, en ligne droite, rasant d'ordinaire la surface de l'eau, avec le cou et les pattes étendues, et ce n'est que lorsqu'elle a atteint une certaine hauteur que son allure devient un peu moins laborieuse.

Son tir, généralement à petite distance, est

---

[1] On débite la même fable sur la foulque blessée.

donc des plus faciles, et les plombs n°s 9 ou 10 suffisent amplement pour la tuer raide.

Cet oiseau laisse trop à désirer comme délicatesse et bon goût; cependant, si on a soin de le débarrasser de sa peau huileuse, il peut à la rigueur fournir un salmis passable.

L'OUTARDE BARBUE [1]

L'outarde barbue, grande outarde, oie-outarde, autruche d'Europe, comme on l'a encore appelée, est un magnifique oiseau.

Le mâle mesure 1^m,08 à 1^m,16 de long et 2^m,47 à 2^m,64 d'envergure, et son poids est de 14 à 16 kilogrammes. La femelle a tout au plus 0^m,80 de longueur et son envergure ne dépasse pas deux mètres.

[1] Comme on peut chasser les jeunes outardes au chien d'arrêt, nous avons cru devoir comprendre cet oiseau dans notre opuscule et par suite y admettre la canepetière ; mais il ne nous a point semblé convenable de faire la même faveur à l'outarde à collerette ou à collier, ainsi qu'à l'outarde houbara, qui sont toutes deux si rares en France qu'on n'en tue pas même un seul échantillon par an.

La grande outarde (*otis tarda*) est passée à l'état de mythe en Artois, en Vendée et en Brenne, et jusque dans les crans pierreuses du Midi, où elle avait l'habitude de prendre ses quartiers d'hiver; et la Champagne pouilleuse est aujourdhui la seule contrée de France où ces oiseaux se plaisent et consentent à nicher.

Leur séjour de prédilection est le vaste désert compris entre les villes d'Arcis-sur-Aube et de Châlons-sur-Marne; mais ce désert, depuis un demi-siècle, va toujours en se rétrécissant; les plantations de pins l'envahissent sans cesse, et, si ce reboisement continue sur la même échelle, on peut à coup sûr prédire qu'avant soixante ans l'outarde, qui fuit le voisinage des arbres, aura totalement disparu de la Champagne et qu'alors la France aura perdu sans retour la plus belle pièce de son gibier-plume.

L'outarde a en effet d'excellentes raisons pour ne s'établir que dans d'immenses plai-

nes, là où elle peut apercevoir de loin l'arrivée d'un homme ; car, si elle est le plus
rapide de tous nos oiseaux coureurs, en
revanche, pour prendre son vol, il lui faut
courir longtemps sur la pointe des pieds et
s'aider péniblement du vent et des ailes ; si
donc elle se laissait approcher, un chien rapide, un lévrier par exemple, pourrait la
saisir avant qu'elle n'ait quitté la terre, ou
bien un cavalier parviendrait à la tirer à
bonne portée.

Il ne suffisait pas à l'outarde pour sa conservation de se tenir dans des lieux absolument découverts ; il fallait encore que l'or-
gane de la vue fût très développé chez elle,
et c'est ce que la nature lui a libéralement
octroyé, tout en la douant d'une extrême méfiance. De très loin, elle aperçoit le danger ;
voit-elle une personne isolée, elle la tient
pour suspecte, et quand celle-ci, encore très
éloignée de son gibier, croit qu'elle n'en a
pas été vue et qu'elle pourra le surprendre,

elle se trompe. Elle se trompe également si
elle espère gagner quelque monticule, quelque fossé, situé entre elle et les outardes et,
grâce à cet abri, approcher à bonne portée
de l'arme. Au moment même où elle se flatte
d'avoir échappé à ses regards, l'oiseau prend
la fuite. Toute personne qui les considère
avec attention, que ce soit une femme, un
paysan ou un berger, leur semble également
suspecte; mais qu'une femme chargée d'un
fardeau passe sans s'inquiéter de leur pré-
sence; qu'un pâtre, qu'un paysan paraissent
uniquement occupés de leurs bestiaux, elles
se montrent plus confiantes, et encore ne se
laissent-elles guère approcher à portée de
fusil. Souvent, on dirait qu'à trois cents pas
elles peuvent non seulement lire sur la figure
des gens s'ils sont bien ou mal intentionnés,
mais encore parfaitement distinguer un
mousquet d'un bâton ou d'un instrument de
labour.

Cette extrême circonspection, qui est encore aidée par la finesse de l'ouie, est quelque peu négligée par ces oiseaux à l'époque des amours : on voit alors les outardes, oublieuses de leur prudence ordinaire[1], voler à une faible hauteur au-dessus des arbres, des villages et même des endroits les plus animés, sans prendre le moindre souci des braconniers qui les guettent.

A ce moment critique, si deux mâles se rencontrent, la bataille s'engage : ils bondissent, se portent des coups de bec et de pattes, se poursuivent au vol, planent, se précipitent l'un sur l'autre, le cou tendu. Mais bientôt arrive une période de calme : les vainqueurs se sont conquis des femelles, et chaque couple formé est devenu inséparable.

Cet oiseau en effet ne vit pas d'ordinaire en polygamie ; mais seulement il arrive parfois que, comme la caille, il contracte une deuxième union, lorsque, sa première com-

---

[1] Dans le courant de février et les premiers jours de mars.

pagne étant en train de couver, il rencontre une seconde femelle encore célibataire.

L'outarde choisit très soigneusement l'emplacement où elle construit son nid ; il faut que les céréales y soient assez hautes pour que la couveuse puisse être complètement cachée ; elle creuse alors dans le sol une légère dépression, la tapisse de quelque chaumes desséchés, et y pond deux œufs, rarement trois.

Pendant l'incubation, elle ne quitte son nid et n'y revient qu'avec une très grande prudence, en se rasant et en évitant soigneusement de se montrer.

Au bout de trente jours environ (*fin avril au plus tard*), les jeunes éclosent, couverts d'un duvet laineux, brunâtre et tacheté de noir. La mère les sèche, les réchauffe ; puis les emmène avec elle, en leur témoignant la plus vive tendresse. Elle s'expose sans hésiter au danger pour les sauver, a recours à la ruse, cherche à attirer sur elle l'attention de l'ennemi, et, quand elle est parvenue à le tromper, elle revient vers ses petits, qui se sont tapis à terre, trouvant une protection excellente dans leur plumage dont la teinte se confond avec celle du sol.

Les jeunes outardes passent leur premier âge dans les emblavures; ce n'est que plus tard que leur mère, lorsqu'elle n'aperçoit aucun homme à l'horizon, les conduit dans les jachères, et ce, toujours à proximité d'une retraite couverte et sûre.

Elles ne se nourrissent d'abord que de petits coléoptères, de sauterelles, de larves, que la mère prend et leur donne; puis elles finissent, *assez tardivement, il est vrai*, par apprendre à chercher elles-mêmes leurs aliments, et alors elles commencent à manger des substances végétales.

A l'âge d'un mois, ces oiseaux peuvent voleter; quinze jours après, ils volent assez bien pour accompagner leurs parents dans leurs excursions. C'est à ce moment que les bandes se reforment chacune sous la conduite d'un vieux mâle. Ce groupement précède environ de trente jours l'époque de la moisson.

Au bout d'une semaine ou deux d'incorporation, les jeunes outardes se nourrissent, comme les adultes, presque exclusivement de plantes vertes et de grains, s'attaquant à toutes les herbes qui poussent dans les cultures, à l'exception des pommes de terre. Elles mangent, en hiver, du colza et des céréales de la saison ; en été, elles prennent des insectes, mais sans s'adonner réellement à leur chasse. Enfin, elles avalent ordinairement de petits grains de quartz pour faciliter la digestion ; et, pour apaiser leur soif, la rosée du matin, qu'elles boivent goutte à goutte, leur suffit amplement.

Dans le but d'approcher des bandes à portée de fusil, il n'est point de ruses auxquelles n'ait eu recours le génie inventif de l'homme ; mais ni le cavalier couché sur le

cou de sa monture, ni la vache artificielle,
ni le buisson ambulant; ni la charrette en-
jolivée de gerbes ou de verdure, n'ont pu
mettre en défaut la perspicacité des outardes,
et il n'est qu'un moyen qui réussisse (*mais
seulement une fois*), c'est la hutte *impro-
visée* (pendant une absence de ces oiseaux)
dans un endroit où ils se tiennent d'habitude[1]. Il faut alors attendre un ou deux
jours pour donner le temps aux outardes,
que tout changement inquiète, de se fami-
liariser avec cet affût creusé dans le sol (*on
fait soigneusement disparaître la terre de la
fouille*) et recouvert de verdure, ou d'un drap
blanc s'il y a de la neige.

On doit se glisser avec précaution dans cette
cachette quelques minutes avant l'heure ha-
bituelle d'arrivée des oiseaux et y observer le
silence ainsi qu'une immobilité complète.

---

[1] C'est grâce à une hutte pareille que Naumann a pu si
bien étudier les mœurs et habitudes de ces sauvages oiseaux.

mais on y peut sans inconvénient, dit Naumann, *fumer sa pipe*.[1]

C'est ainsi qu'on tue, bon an mal an, tout au plus une douzaine d'outardes adultes dans la Champagne pouilleuse, lorsque, toutefois, on ne s'arrête pas à moitié de ce chiffre.

Tant que ces oiseaux sont incapables de voler, ils se tiennent cachés dans les emblavures où néanmoins de grands dangers les menacent; on peut alors, avec le secours du chien couchant, les tirer à l'arrêt, et même parfois les lui faire prendre à la course; mais, en France, la chasse étant fermée à cette époque, une aussi néfaste destruction ne saurait être que l'œuvre des braconniers, qui, fort heureusement pour la conservation de l'espèce, n'aiment guère opérer de jour dans des plaines si nues qu'on les verrait aisément travailler à plus d'un kilomètre de distance.

[1] Il n'en est pas de même, loin de là, dans les canardières du Rhin. (Voir *la Chasse dans la vallée du Rhin*, par Maurice Engelhard, 1864.)

Nous donnons pour ce qu'elles valent les deux assertions suivantes, qui nous paraissent un peu hasardées : on prétend que l'on peut prendre assez aisément les outardes adultes avec des lévriers quand un fort verglas les empêche de s'élancer pour quitter terre, ou bien lorsqu'un épais givre tombé la nuit paralyse plus ou moins l'action de leurs ailes.

Pour élever des outardes, il faut les prendre jeunes, les vieilles ne supportant point la perte de leur liberté. On peut aussi faire couver des œufs par des poules ou des dindes. L'élevage, dans lequel les Hongrois sont passés maîtres, n'offre pas de bien grandes difficultés; la principale précaution doit être d'éviter à tout prix l'humidité à laquelle ces jeunes oiseaux sont très sensibles; on doit donc, si on veut réussir, les tenir dans un endroit chaud et sec.

L'outarde barbue se reproduit en captivité, mais les exemples en sont extrêmement rares, si rares même que ce problème ne sera sans

doute *couramment* résolu qu'après des géné-
rations successives assez nombreuses et obte-
nues en domesticité, grâce auxquelles on
parviendra à soumettre, à adoucir, ou plutôt
à changer complètement le caractère toujours
stupide, farouche et sauvage de cette belle
espèce, dont la conquête serait des plus précieuses.

Cet oiseau, lorsqu'il veut s'envoler, fait
deux ou trois bonds, comme pour prendre
son élan; il s'élève dans l'air, ni très vite ni
sans trop de peine; il se meut au moyen de
coups d'ailes qui se succèdent lentement, et
quand il a enfin atteint une certaine hauteur,
il glisse dans l'air assez rapidement, dit Naumann[1], pour qu'une corneille ait grand'peine
à le suivre. Si donc on parvient à l'appro-

[1] A. E. Brehm révoque en doute la rapidité du vol de
l'outarde; il a tort, car les fauconniers du sud de l'Algérie n'entreprennent jamais cet oiseau sans appréhension,
attendu que, par son vol puissant, il entraine au loin les
faucons et les perd souvent. (*Chasses de l'Algérie*, par le
général A. Marguerille.)

cher à bonne portée, on voit que son tir
ne sera pas difficile. Avec du plomb nº 4
nous avons tué raide à trente mètres, près de
Tebessa, dans la province de Constantine, en
1856, une outarde barbue qui pesait quatorze
kilogrammes.

La chair de l'autruche d'Europe, riche de
sucs, moitié noire et moitié blanche, sans
être un morceau d'empereur, ne laisse pas
que de fournir un rôti digne d'estime, quand
l'oiseau est de l'année ; car une *vieille* outarde
se montre toujours dure et sèche.

LA CANEPETIÈRE CHAMPÊTRE

Qui voudra, dit Belon, *avoir la perspective d'une canepetière, s'imagine voir une caille beaucoup madrée* (tachetée).

Le mâle a de $0^m,50$ à $0^m,53$ de long et 1 mètre d'envergure, et son poids ne dépasse pas deux kilogrammes. La femelle est plus petite, d'un sixième environ.

« La canepetière, qui couvrait jadis de ses troupes nombreuses toutes les plaines un peu nues de la France, est une magnifique pièce de gibier-plume. Ses derniers séjours de prédilection sont encore à présent les plaines du Berry et celles de la Vendée, plus la contrée aride et pierreuse qui s'étend à l'ouest de la forêt de Fontainebleau, dans la direction de Milly et de la Ferté-Aleps. La Beauce, l'Artois et la Champagne en voient bien apparaître chaque année sur leur sol quelques couples perdus, mais l'oiseau est si rare, ajoute A. Toussenel, qu'il n'a pas même de nom dans ces contrées barbares; et, comme l'ignorance où l'on est de ses mérites ne permet pas de lui attribuer une valeur vénale, il arrive quelquefois que le braconnier qui le tue le cloue sur un des battants de sa porte cochère, comme un oiseau de proie. Si je n'avais été témoin du fait, je ne le dirais pas. »

Les canepetières ne sont pas autant oiseaux de plaine que les outardes, car elles s'établissent parfois sur les collines et même dans les montagnes. Elles arrivent en France aux premiers jours du printemps; après quelques semaines, les bandes se divisent par couples;

elles se reforment un peu avant la moisson, et nous quittent dès l'automne pour aller passer l'hiver en Afrique.

Ces oiseaux se disputent vivement la possession des femelles et oublient si bien alors leur méfiance ordinaire que, parfois, les rassemblements amoureux ne se dispersent qu'après avoir essuyé plusieurs coups de fusil. Ils ne sont pas polygames ainsi que les outardes barbues.

A la fin d'avril ou au commencement de mai, la femelle pond, dans un trou qu'elle a trouvé ou qu'elle a creusé, quatre ou cinq œufs, de même grosseur que ceux de poule.

Si on ignore tout-à-fait aujourd'hui quelle est la durée de l'incubation, on n'est guère mieux renseigné sur ce qui a trait aux premiers temps de la vie des jeunes *en liberté*, puisqu'on n'a que les notes fournies par M. J. Ray[1], notes ne visant que des oiseaux en

---

[1] *Ornithologie Européenne*, etc., par Degland et Z. Gerbe, d'après les notes de M. J. Ray, pharmacien à Troyes, sur les jeunes canepetières.

captivité, mais qui nous semblent néanmoins
mériter d'être reproduites : « Nouvellement
« éclos, ils poussent continuellement, comme
« les poussins des gallinacés, de petits cris
« d'appel. Ils sont excessivement gloutons, se
« jettent avec avidité sur les sauterelles, les
« criquets et généralement sur tous les in-
« sectes, qu'ils avalent entiers, quelle qu'en
« soit la taille. Ils mangent aussi, sans les
« dépecer, des vers de terre, des limaces,
« de petits escargots, et même de petites
« grenouilles et des souris ».

Les canepetières adultes, *à l'état sauvage*,
ont un régime à la fois animal et végétal;
cependant, elles se nourrissent principalement
de vers, d'insectes, surtout de sauterelles,
larves, etc., comme le prouve l'examen de
l'estomac de toutes celles qui ont été ouvertes.

Cet oiseau, dans ses mœurs, a plus d'une
ressemblance avec l'outarde barbue; sa dé-
marche est aussi majestueuse, mais plus élé-
gante; ses mouvements sont plus vifs, plus

agiles ; sa course surtout est plus rapide,
ainsi que son vol qui est léger et soutenu.
Elle se montre aussi méfiante à la vue du
moindre objet insolite ou du plus petit changement survenu dans les lieux qu'elle fré-
quente, mais elle ne fuit pas d'aussi loin.
Une des habitudes qui la distingue encore
de l'outarde, c'est que, poursuivie, elle ne
prend pas tout de suite son vol, mais cherche
à se cacher en se tapissant contre terre ;
lorsqu'elle voit l'ennemi tout près, elle quitte
soudain sa position, s'élève immédiatement
dans l'air et continue, avec des battements
d'aile précipités et en ligne droite, un vol
toujours rapproché du terrain.

Il résulte de là que son tir est des plus
faciles au chien d'arrêt, et qu'on réussit
mieux dans son approche, soit à cheval, soit
sur une charrette, qu'avec l'outarde barbue.

On abat aisément cet oiseau à trente mètres
avec du plomb n° 6 ; mais, s'il n'est que démonté, on ne saurait venir à bout de le pren-

dre sans l'aide du chien, tant sa course est rapide.

La canepetière champêtre a une chair exquise, moitié noire et moitié blanche; elle vaut presque le faisan, sous le nom duquel on la mange fréquemment en Espagne.

Nota. — La plupart des chasseurs de France ne connaissant pour ainsi dire que de nom ces intéressants oiseaux, dont l'histoire naturelle d'ailleurs est loin d'être complète; nous avons pensé leur être agréable en nous étendant, peut-être plus que de raison, sur les chapitres de l'outarde barbue et de la canepetière champêtre.

NOTES

Lorsqu'une pièce de gibier-plume vous
part, comme on dit, entre les jambes, gardez-
vous bien de la mettre de suite en joue et de
la couvrir jusqu'à ce qu'elle vous semble à
distance convenable pour faire feu. Les yeux
tout grands ouverts, fixez-la et, dès qu'elle
sera à bonne portée, épaulez et tirez sans
à-coup.

Détruisez impitoyablement les pies par
tous les moyens possibles, mais respectez les

corneilles et les oiseaux de nuit, qui ne font
aucun mal appréciable au gibier et qui rendent de si grands services aux agriculteurs.

Les oiseaux-chasseurs, depuis l'aigle jusqu'au hobereau, ont une prédilection marquée
pour le gibier, surtout pour les pièces délicates
et succulentes qui prennent de la graisse. Ils
vont donc sur nos brisées ; partant, nous de-
vons toujours les tirer lorsque l'occasion s'en
présente. Si on ne fait que les blesser, on
obtient néanmoins un bon résultat ; car une
incapacité de chasse, même courte, est tout
profit pour le gibier.

On ne chasse pas au chien d'arrêt, mais
on tue toujours avec plaisir les outardes, les
oies et cygnes sauvages, les canards, les
sarcelles, les foulques, les courlis, les bé-
casseaux, les gangas, les vanneaux, les plu-
viers, les ramiers, les tourterelles, les grives.

les merles, etc., qui passent à portée du coup.
Quant à l'alouette, ne la tirez jamais devant
le chien, qui n'est déjà que trop enclin à
l'arrêter, par suite de son fumet assez prononcé.

TABLE DES MATIÈRES

Évreux, imprimerie de Ch. Hérissey.